Lehrstuhl für
Werkzeugmaschinen und Fertigungstechnik
der Technischen Universität München

Ein Vorgehensmodell für den Einsatz von Rapid Prototyping

Michael A. Macht

Vollständiger Abdruck der von der Fakultät für Maschinenwesen der Technischen Universität München zur Erlangung des akademischen Grades eines

Doktor-Ingenieurs (Dr.-Ing.)

genehmigten Dissertation.

Vorsitzender: Univ.-Prof. Dr.-Ing. J. Heinzl

Prüfer der Dissertation:

1. Univ.-Prof. Dr.-Ing. G. Reinhart
2. Univ.-Prof. Dr.-Ing. U. Lindemann

Die Dissertation wurde am 25.01.1999 bei der Technischen Universität München eingereicht und durch die Fakultät für Maschinenwesen am 14.04.1999 angenommen.

Michael Macht

Ein Vorgehensmodell für den Einsatz von Rapid Prototyping

2., unveränderte Auflage

Herbert Utz Verlag · München

Forschungsberichte IWB

Band 131

Zugl.: Diss., 1999

Bibliografische Information der Deutschen Nationalbibliothek:
Die Deutsche Nationalbibliothek verzeichnet diese Publikation in der Deutschen Nationalbibliografie; detaillierte bibliografische Daten sind im Internet über http://dnb.d-nb.de abrufbar.

frühere Ausgabe: ISBN 978-3-89675-638-1

ISBN 978-3-8316-8099-3

Printed in EU
Herbert Utz Verlag GmbH, München
www.utzverlag.de

Geleitwort des Herausgebers

Die Produktionstechnik ist für die Weiterentwicklung unserer Industriegesellschaft von zentraler Bedeutung. Denn die Leistungsfähigkeit eines Industriebetriebes hängt entscheidend von den eingesetzten Produktionsmitteln, den angewandten Produktionsverfahren und der eingeführten Produktionsorganisation ab. Erst das optimale Zusammenspiel von Mensch, Organisation und Technik erlaubt es, alle Potentiale für den Unternehmenserfolg auszuschöpfen.

Um in dem Spannungsfeld Komplexität, Kosten, Zeit und Qualität bestehen zu können, müssen Produktionsstrukturen ständig neu überdacht und weiterentwickelt werden. Dabei ist es notwendig, die Komplexität von Produkten, Produktionsabläufen und -systemen einerseits zu verringern und andererseits besser zu beherrschen.

Ziel der Forschungsarbeiten des *iwb* ist die ständige Verbesserung von Produktentwicklungs- und Planungssystemen, von Herstellverfahren und Produktionsanlagen. Betriebsorganisation, Produktions- und Arbeitsstrukturen sowie Systeme zur Auftragsabwicklung werden unter besonderer Berücksichtigung mitarbeiterorientierter Anforderungen entwickelt. Die dabei notwendige Steigerung des Automatisierungsgrades darf jedoch nicht zu einer Verfestigung arbeitsteiliger Strukturen führen. Fragen der optimalen Einbindung des Menschen in den Produktentstehungsprozeß spielen deshalb eine sehr wichtige Rolle.

Die im Rahmen dieser Buchreihe erscheinenden Bände stammen thematisch aus den Forschungsbereichen des *iwb*. Diese reichen von der Produktentwicklung über die Planung von Produktionssystemen hin zu den Bereichen Fertigung und Montage. Steuerung und Betrieb von Produktionssystemen, Qualitätssicherung, Verfügbarkeit und Autonomie sind Querschnittsthemen hierfür. In den *iwb*-Forschungsberichten werden neue Ergebnisse und Erkenntnisse aus der praxisnahen Forschung des *iwb* veröffentlicht. Diese Buchreihe soll dazu beitragen, den Wissenstransfer zwischen dem Hochschulbereich und dem Anwender in der Praxis zu verbessern.

Joachim Milberg *Gunther Reinhart*

Vorwort

Die vorliegende Dissertation entstand während meiner Tätigkeit als wissenschaftlicher Mitarbeiter am Institut für Werkzeugmaschinen und Betriebswissenschaften (*iwb*) der Technischen Universität München.

Herrn Prof. Dr.-Ing. Dr. h.c. Joachim Milberg und Herrn Prof. Dr.-Ing. Gunther Reinhart, den Leitern dieses Instituts, gilt mein besonderer Dank für die wohlwollende Förderung und großzügige Unterstützung meiner Arbeit.

Bei Herrn Prof. Dr.-Ing. Udo Lindemann, dem Leiter des Lehrstuhls für Konstruktion im Maschinenbau der Technischen Universität München, möchte ich mich für die Übernahme des Korreferates und die aufmerksame Durchsicht der Arbeit sehr herzlich bedanken.

Mein besonderer Dank gilt weiter Herrn Dr.-Ing. Helmut Naber, dem früheren Leiter, und Herrn Dr.-Ing. Jochen Lorenzen, dem derzeitigen Geschäftsführer des iwb Anwenderzentrum Augsburg, für die ausgezeichnete Zusammenarbeit und besondere Unterstützung.

Darüber hinaus bedanke ich mich bei meiner Frau, meiner Familie und allen Mitarbeiterinnen und Mitarbeitern des Instituts sowie allen Studenten, die mich bei der Erstellung meiner Arbeit unterstützt haben, recht herzlich.

München, im April 1999 *Michael Macht*

I Inhaltsverzeichnis

II Abbildungsverzeichnis

III Tabellen

1 Einleitung

Die Produktentwicklung erweist sich in Unternehmen immer stärker als Schlüsselfaktor für den Erfolg eines Unternehmens (vgl. Abbildung 1-1) (*Mack 1997*). So besitzen Unternehmen mit einem höheren Umsatzanteil bei Marktneuheiten auch eine deutlich höhere Umsatzrendite (*N.N. 1998*). Vom Markt werden auf der einen Seite in immer kürzer werdenden Zyklen neue, innovative Produkte gefordert. Auf der anderen Seite müssen diese Produkte aufgrund des internationalen Wettbewerbs immer höheren Anforderungen gerecht werden. Die Produktentwicklung steht somit im Spannungsfeld von steigender Flexibilität und Komplexität (*Milberg 1998*). Wenn international ausgerichtete Unternehmen nicht rechtzeitig auf diese veränderten globalen Randbedingungen reagieren, kann das fatale Folgen haben. Aufgrund der internationalen Ausrichtung der deutschen Wirtschaft kann diese maßgeblich davon betroffen sein, wenn sie die notwendige Wandlungsfähigkeit nicht besitzt (*Milberg 1998*).

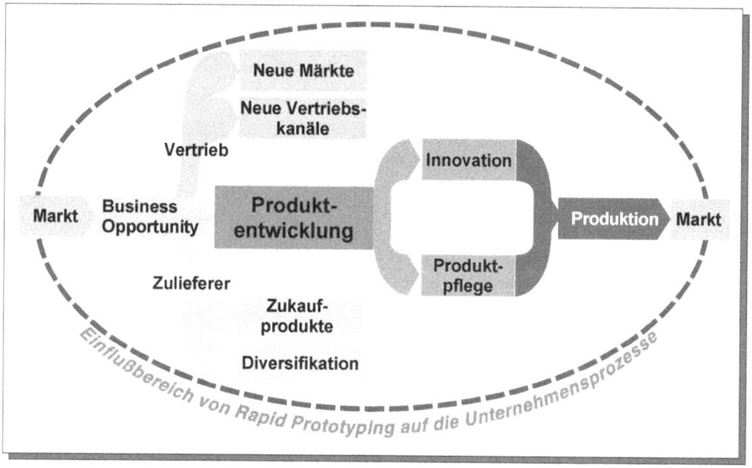

Abbildung 1-1: Produktentwicklung als zentraler Unternehmensprozeß (Mack 1997)

Wandlungsfähigkeit ist unter anderem durch Schnelligkeit, Reaktionsfähigkeit und Aktionsfähigkeit gekennzeichnet (*Reinhart u.a. 1997C*).

Neben den bisher bekannten Faktoren wie Qualität, Zeit und Kosten muß sich ein Unternehmen verstärkt durch seine Wandlungsfähigkeit auszeichnen. Diese bezieht sich neben der Reaktion auf die sich ändernden Randbedingungen auch auf die Innovationsfähigkeit seiner Produkte *(Lindemann & Kleedörfer 1997).* Vor allem der Kunde zwingt bei einer gesteigerten Anforderung an die Qualität und Funktionalität der Produkte Unternehmen zu immer kürzeren Innovationszyklen. Die Produktentwicklung am Standort Deutschland muß jedoch nicht nur innovativer, sondern vielmehr wandlungsfähiger werden, um deutsche Unternehmen wettbewerbsfähiger zu machen.

Den gesteigerten Anforderungen wird die Produktentwicklung vermehrt durch den Einsatz von neuen Methoden, Vorgehensweisen und Werkzeugen gerecht. Hierzu zählt u.a. das Simultaneous Engineering, der Einsatz von Rechnerhilfsmitteln, wie die Finite Elemente Methode (FEM) oder Technologien wie Rapid Prototyping (RP) zur Verifikation von Produkteigenschaften. Unter der Technologie Rapid Prototyping wird hier die schnelle Herstellung von körperlichen Modellen verstanden (*Gebhardt 1996A*). Hierbei hat Rapid Prototyping nicht nur Einfluß auf die Produktentwicklung. Vielmehr muß Rapid Prototyping als ein Hilfsmittel verstanden werden, mit dem komplexe Produktentwicklungsprozesse in Abstimmung mit Markt, Zulieferern, Vertrieb und Produktion schneller und kostengünstiger durchgeführt werden können. Die mit Rapid Prototyping hergestellten physischen Modelle dienen unter anderem der Abstimmung der am Produktentwicklungsprozeß beteiligten Personen. Der Grad der Entwicklungsparallelisierung läßt sich somit deutlich erhöhen (*Döllner 1997*). Weiterhin vermitteln körperliche Modelle einen besseren Eindruck vom späteren Produkt als z.B. Bildschirmdarstellungen. Ebenso lassen sich Eigenschaften und Funktionen von Produkten mit körperlichen Modellen besser überprüfen (*Lindemann & Reichwald 1998, S. 126f*). Dies führt zu deutlich geringeren Iterationsschleifen in der Produktentwicklung *(Gebhardt 1996B).* Die Tatsache, daß die Herstellung von Prototypen bis zu 25% der Entwicklungszeit beträgt, zeigt das Zeiteinsparungspotential auf, das durch den Einsatz von Rapid Prototyping genutzt werden kann (*Bullinger 1995*). Hierzu müssen Unternehmen in Zukunft die Technologie Rapid Prototyping in den Produktentwicklungsprozeß integrieren. Dies erfordert ein Technologiemanagement als Anleitung zum Gebrauch der innovativen Fertigungstechnologie Rapid Prototyping (vgl. *Spur 1998*).

2 Zielsetzung und Vorgehensweise

Die Technologie Rapid Prototyping unterliegt einem raschen Wandel. Dies betrifft vor allem die Weiter- und die Neuentwicklung von Rapid Prototyping-Prozeßketten *(Macht 1996)*. Diese technologische Wandlungsfähigkeit ist vor allem in dem einfachen Grundprinzip der generativen Fertigungsverfahren begründet, Bauteile aus einzelnen Schichten aufzubauen. Dadurch ist es möglich, mit unterschiedlichsten Werkzeugen und Materialien körperliche Modelle herzustellen. 1992 gab es zum Beispiel nur ein generatives Fertigungsverfahren am deutschen Dienstleistungsmarkt, 1994 waren es bereits vier und zur Zeit sind neun Verfahren verfügbar. Neben dem technologischen Wandel ist aber auch der Dienstleistungsmarkt von einer raschen Expansion geprägt (siehe Abbildung 2-1) *(Wohlers 1997)*. Aufgrund der zunehmenden Verbreitung der 3D-CAD-Technologie sind bei den potentiellen Anwendern aus unterschiedlichen Branchen die technologischen Voraussetzungen geschaffen (*Henkel 1998*). Jedoch nutzen bislang nur 11,5% der CAD-Anwender die Technologie Rapid Prototyping (*Sendler 1998*).

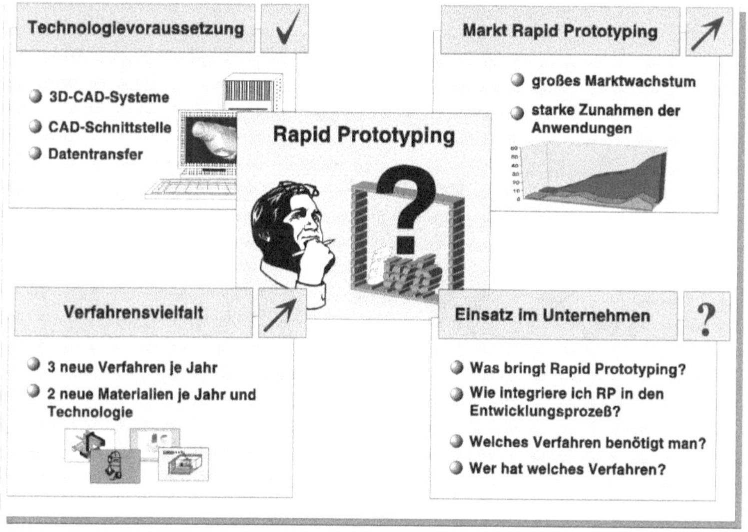

Abbildung 2-1: Ausgangssituation für den Anwender von Rapid Prototyping

Sehr viele Unternehmen, bei denen aktuell durch verstärkten 3D-CAD-Einsatz die technologischen Voraussetzungen geschaffen werden, haben jedoch noch wenig bis gar keine Erfahrung mit dem Einsatz von Rapid Prototyping in der Produktentwicklung. Im Gegensatz zu konventionellem Modellbau- bzw. Prototypen-Fertigungsverfahren wie dem Fräsen ist das notwendige Technologie-Know-how für Rapid Prototyping selten vorhanden. Das hat ein erhebliches Informationsdefizit in bezug auf die Möglichkeiten und Grenzen des Rapid Prototyping bei den Anwendern zur Folge. Weiterhin fehlt dem Anwender eine Vorgehensweise zur Integration der Technologie in den bestehenden Entwicklungsprozeß *(Macht 1997)*. Um in Zukunft Rapid Prototyping effizient einsetzen zu können, müssen Unternehmen bei der Technologieplanung für den Einsatz von Rapid Prototyping unterstützt werden. Der effiziente Einsatz erfordert eine, für Unternehmen an die Technologie Rapid Prototyping angepaßte, wandlungsfähige Vorgehensweise zur Technologieplanung, um der Dynamik von Rapid Prototyping gerecht zu werden. Zu den drei Grundsäulen der Technologieplanung gehört eine Bewertung des Einsatzpotentials, die Festlegung des Einsatzzeitpunktes von körperlichen Modellen und eine Prozeßkettenauswahl (siehe Abbildung 2-2) (vgl. *Adams & Steinfatt 1996*).

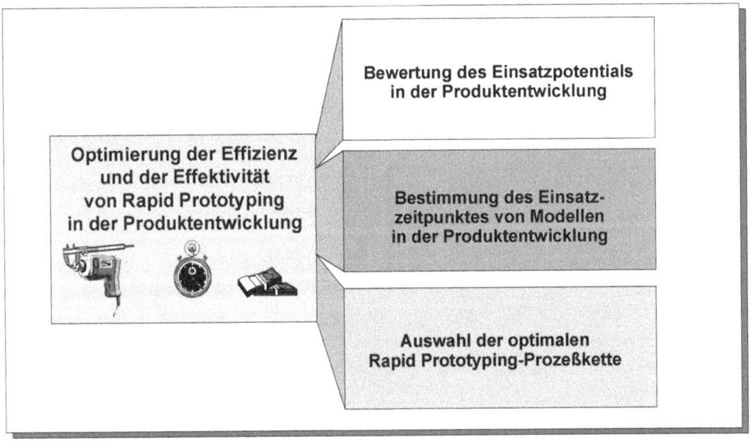

Abbildung 2-2: Zielsetzung der Arbeit

Im Vordergrund der vorliegenden Arbeit steht eine Methode zur systematischen Integration der Technologie Rapid Prototyping in die Produktentwicklung. Hierfür werden Lösungsansätze für die wesentlichen Problembereiche entwickelt. Neben der technologischen Bewertung werden auch die organisatorischen Aspekte betrachtet. Auf eine verfahrenstechnische Optimierung der einzelnen Verfahren wird in dieser Arbeit nicht eingegangen.

Ausgehend vom Einsatz der Technologie in Unternehmen wird zunächst ein Konzept zur Technologieplanung erstellt, dann wird dieses Konzept an die Technologie Rapid Prototyping angepaßt und abschließend werden Lösungsansätze erarbeitet und verifiziert (siehe Abbildung 2-3). Hierzu wird ein Kennzahlensystem „Rapid Prototyping" zur Entscheidungsunterstützung entworfen. Die Lösungsansätze werden im Rahmen der Umsetzung und Erprobung im „Leitfaden Rapid Prototyping" zusammengefaßt. Hierbei wird der Leitfaden nicht nur als eine „Einführung in ein Wissensgebiet" verstanden *(Duden 1989),* sondern vielmehr als Entscheidungsunterstützung und Handlungsanweisung beim Einsatz der Technologie Rapid Prototyping.

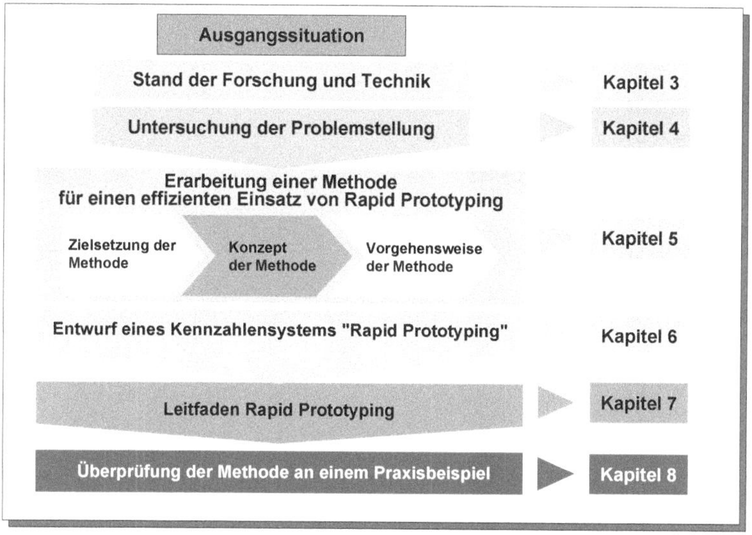

Abbildung 2-3: Aufbau der vorliegenden Arbeit

3 Grundlagen des Rapid Prototyping

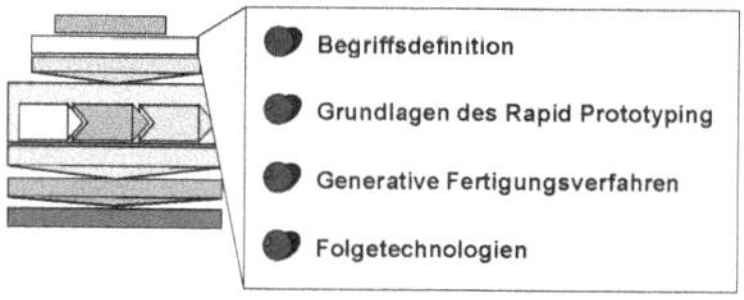

Im Kapitel 3 wird auf den Stand der Technik von Rapid Prototyping eingegangen. Zunächst erfolgt eine Definition der zentralen Begriffe dieser Arbeit. Weiterhin wird das Grundprinzip der Technologie Rapid Prototyping dargestellt. Schließlich werden einzelne generative Fertigungsverfahren und die gängigsten Folgetechnologien näher erläutert.

3.1 Begriffsdefinitionen des Rapid Prototyping

Das Modell

Der Begriff „Modell“ hat eine zentrale Bedeutung in dieser Arbeit. Ein Modell ist nach DIN 19226 „die Abbildung eines Systems oder Prozesses in ein anderes begriffliches oder gegenständliches System, das aufgrund der Anwendung bekannter Gesetzmäßigkeiten, einer Identifikation oder auch getroffener Annahmen gewonnen wird und das System oder den Prozeß bezüglich ausgewählter Fragestellungen hinreichend genau abbildet“. Die physikalische Repräsentation kann von der ebenen Darstellung einer Zeichnung oder Skizze, über rechnerinterne Modelle wie das CAD- oder FEM-Modell bis hin zu körperlichen, dreidimensionalen Abbildungen reichen (*Reinhart u.a. 1994*). In der Produktentwicklung dienen alle Modelle in der Regel der Vorhersage oder Überprüfung der späteren Produkteigenschaften (vgl. *Lindemann & Reichwald 1998*). Die unterschiedlichen Modelle repräsentieren oft nur einen Teil der späteren Produkteigenschaften (*Fährer 1998*). In der vorliegenden Arbeit wird unter einem Modell ein körperliches, physikalisches Abbild des späteren Produkts verstanden. Auf die Bedeutung von körperlichen Modellen in der Produktentwicklung wird in Kapitel 4 genauer eingegangen.

Rapid Prototyping – generative Fertigungsverfahren

Unter der Technologie „Rapid Prototyping“ werden in der Fachliteratur oft alle Fertigungsverfahren zusammengefaßt, die dreidimensionale Körper durch schichtweisen Aufbau erzeugen. Nicht zu verwechseln ist der Begriff mit der Entwicklungsmethode aus der Softwarebranche, die auch mit „Rapid Prototyping“ bezeichnet wird. Der Begriff „Rapid Prototyping“ ist vor allem im deutschsprachigen Raum etwas irreführend, da das hergestellte Bauteil nicht dem nach VDI definierten Prototypen entspricht. Denn als Prototyp gilt ein Bauteil, das mit einem serienähnlichen Fertigungsverfahren hergestellt wurde (*Gebhardt 1996A*). Dies trifft allerdings bei Rapid Prototyping so gut wie nie zu. Passender für die Verfahren des „Rapid Prototyping“ ist zum Beispiel der englische Begriff „Layer Manufacturing“ oder der analoge deutsche Begriff „Generative Fertigungsverfahren“. Diese beiden Begriffe drücken am besten die Art bzw. die Vorgehensweise der Technologie aus, nämlich dem schichtweisen Aufbau von körperlichen Modellen. Im folgenden werden die Fertigungsverfahren, die Modelle durch Schichtaufbau erzeugen, unter dem Begriff der „generativen Fertigungsverfahren“ zusammengefaßt.

Folgetechnologien

Für die Herstellung von Modellen werden generative Fertigungsverfahren in 73% der Einsatzfälle als alleiniges Verfahren verwendet (*Nöken & Geiger 1993*). In 27 % der Anwendungen werden generative Fertigungsverfahren mit Folgetechnologien wie z.B. dem Vakuumgießen oder dem Feinguß kombiniert. Die Folgetechnologien dienen dem Veredeln oder der Vervielfältigung von körperlichen Modellen, die mittels generativer Fertigungsverfahren hergestellt wurden. Diese Folgeprozeßschritte werden unter dem Begriff „Folgetechnologie“ zusammengefaßt.

Prozeßkette Rapid Prototyping (RP)

Wenn im Rahmen dieser Arbeit von Rapid Prototyping gesprochen wird, handelt es sich um die Prozeßkette von den CAD-Ausgangsdaten des Bauteils (Positiv) bis hin zum körperlichen Modell, das zum Beispiel in der Konstruktion oder im Versuch zum Einsatz kommt (*Gebhardt 1996A*). Dies bedeutet, daß die Prozeßkette Rapid Prototyping, wie in Abbildung 3-1 dargestellt, je nach Anwendung aus den generativen Fertigungsverfahren, den Abformtechniken und den entsprechenden Nachbearbeitungsverfahren bestehen kann. Zu unterscheiden sind die Prozeßketten des Rapid Prototyping von denen des Rapid Tooling.

Rapid Tooling (RT)

Unter Rapid Tooling werden Prozeßketten zusammengefaßt, die der Herstellung von Werkzeugen (Negativ) für seriennahe Fertigungsprozesse mit RP-Technologien dienen (*Gebhardt 1996A*). Ausgangsdaten für den Fertigungsprozeß sind nicht die Produkt- sondern die Werkzeugdaten. Rapid Tooling wird im Rahmen dieser Arbeit nicht berücksichtigt, da der Schwerpunkt der Effizienzsteigerung bei Rapid Tooling weniger in der Integration von Rapid Tooling in den Entwicklungsprozeß zu sehen ist, sondern vielmehr in der Optimierung des Werkzeug- und Formenbaus.

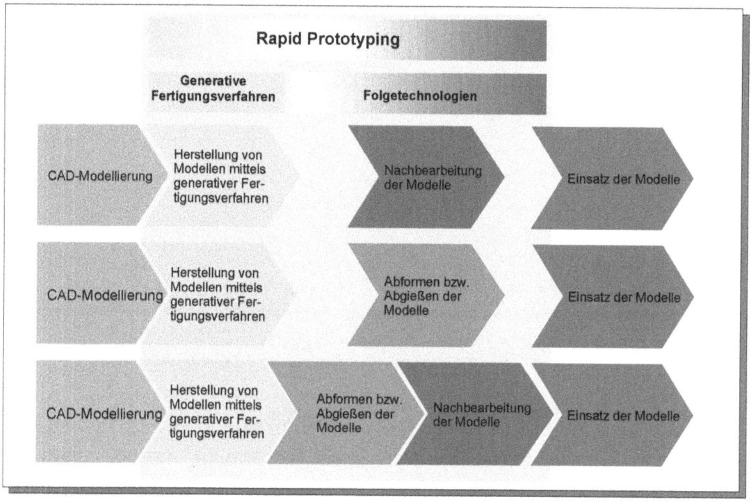

Abbildung 3-1: Mögliche Prozeßketten des Rapid Prototyping

3.2 Die Prozeßkette Rapid Prototyping

Wie bereits im Kapitel 3.1 erläutert, kann die Prozeßkette Rapid Prototyping aus einem generativen Fertigungsverfahren und einer oder mehrerer Folgetechnologien bestehen. Die Fertigung von Bauteilen mit generativen Fertigungsverfahren erfolgt durch den Aufbau des körperlichen Modells aus einzelnen Schichten. Diese Reduzierung der dreidimensionalen Beschreibung eines Körpers auf zweidimensionale Schichten ist nur eine Annäherung der CAD-Geometrie. Wird das Bauteil jedoch in hinreichend dünne Schichten zerlegt, ist diese Approximation ausreichend. Das Ergebnis des Fertigungsprozesses ist ein körperliches Modell des rechnerinternen CAD-Modells. Abbildung 3-2 zeigt das Grundprinzip der generativen Fertigungsverfahren.

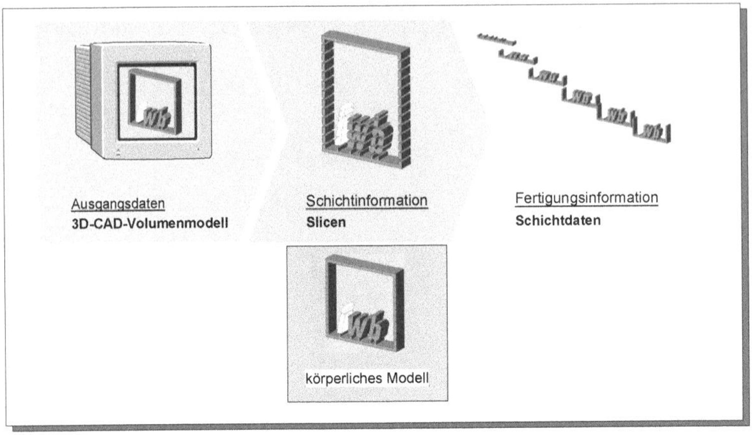

Abbildung 3-2: Grundprinzip der generativen Fertigungsverfahren

Es lassen sich drei Sichtweisen der Prozeßkette Rapid Prototyping unterscheiden: Zunächst die technologische Sichtweise, die vor allem für den Dienstleister von Bedeutung ist, die datentechnische und die logistische Sichtweise, die beide für die Effizienz und damit für den Anwender von Bedeutung sind.

3.2.1 Technologische Prozeßkette

Die technologische Sichtweise der Rapid Prototyping-Prozeßkette ist in Abbildung 3-3 dargestellt. Ausgangsbasis für Rapid Prototyping ist ein dreidimensionales CAD-Modell des herzustellenden Bauteils. Es kann sich hierbei um ein 3D-Flächen-CAD-Modell oder um ein 3D-Volumenmodell handeln. In jedem Fall muß eine eindeutige Beschreibung des Bauteils mit einer geschlossenen Bauteiloberfläche vorliegen. Dieses 3D-CAD-Modell wird für den folgenden generativen Fertigungsprozeß in das STL-Format (**S**tandard **T**ransformation **L**anguage) exportiert *(Gebhardt 1996A)*.

Die STL-Daten werden im ersten Schritt des „Pre-Processing" mit Hilfe einer Software in einem virtuellen Bauraum ausgerichtet. Dieser Vorgang wird auch als „Plazieren" bezeichnet. Nach dem Plazieren erfolgt je nach Verfahren das Erzeugen einer Stützkonstruktion. Die Stützkonstruktion ist dann notwendig, wenn das eigentliche Baumaterial keine ausreichende Stützwirkung z.B. auf Überhänge ausübt. Abschließend werden die STL-Daten des Bauteils und die Stützkonstruktion in einzelne gleich dikke Schichten zerlegt. Die Schichtstärken bewegen sich zwischen 0,02 mm und 0,3 mm.

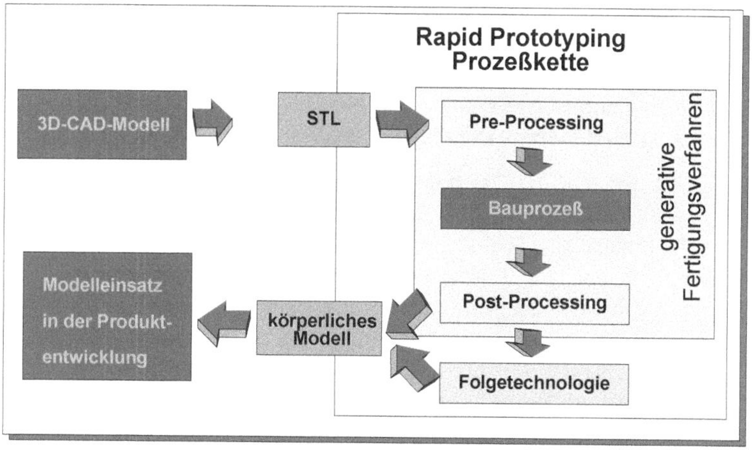

Abbildung 3-3: Prozeßkette Rapid Prototyping

Die so erzeugten Schichtdaten bilden dann die Fertigungsinformation für die unterschiedlichen generativen Fertigungsverfahren. Den einzelnen Schichten werden im Fertigungsprozeß spezifische Prozeßparameter, wie z.B. Laserleistung oder Schnittgeschwindigkeit, zugewiesen. Schicht für Schicht wird dann das Modell in der Rapid Prototyping-Anlage aufgebaut. Die Fertigungszeiten liegen im Bereich von Stunden bis zu ein oder zwei Tagen und sind vor allem von der Bauteilgröße und nahezu nicht von der Bauteilkomplexität abhängig. Nach der Entnahme des Modells aus dem Bauraum muß in der Regel überschüssiges Material oder die Stützkonstruktion im Rahmen des „Post-Processing" entfernt werden. Mit dem Post-Processing ist der generative Fertigungsprozeß abgeschlossen. Genügen die Modelleigenschaften nicht, können Folgetechniken zur

Verbesserung der Oberflächeneigenschaften wie Polieren oder Lackieren oder zur Verbesserung der Materialeigenschaften Abformtechniken wie das Vakuumgießen oder der Feinguß eingesetzt werden (siehe Kapitel 3.4).

3.2.2 Datentechnische Prozeßkette

Die datentechnische Prozeßkette läßt sich in drei Prozesse unterteilen. Als erstes erfolgt die Ausleitung der Geometrieinformationen aus dem CAD-System. Mit Hilfe dieser Informationen werden die Bauteile für den Bauprozeß im zweiten Schritt plaziert und falls notwendig, mit Stützkonstruktionen versehen. Der letzte Schritt ist die Erzeugung der Schichtdaten für das Bauteil und die Stützen, die der RP-Maschine als Fertigungsinformationen dienen. Die detaillierte Vorgehensweise soll im folgenden näher betrachtet werden (siehe Abbildung 3-4).

Auf Basis der 3D-CAD-Daten des Bauteils wird durch eine Triangulation der Bauteiloberfläche ein STL-Datensatz (**S**tandart **T**ransformation **L**anguage) erzeugt. Die STL-Daten stellen die Grundlage für die weitere Verarbeitung dar (z.B. Plazieren, Stützen erzeugen etc.). Bei der STL-Darstellung handelt es sich um eine quasi standardisierte einfache Beschreibung der Bauteiloberfläche durch einzelne, benachbarte Dreiecke. Die Dreiecke sind durch ihre drei Eckpunkte und einen Normalenvektor definiert. Die Summe der einzelnen Dreiecke beschreibt die Oberfläche des Bauteils. Ist die STL-Schnittstelle im CAD-System nicht verfügbar, können auch andere 3D-Schnittstellen wie VDA-FS oder IGES zum Einsatz kommen. Diese 3D-Daten des Bauteils müssen allerdings in jedem Fall zunächst bei der „Datenaufbereitung" in STL-Daten umgewandelt werden. Die Datenaufbereitung ist auch bei fehlerhaften STL-Daten notwendig. Kleine Korrekturen können nachträglich durchgeführt werden. Handelt es sich allerdings um umfangreichere Daten- oder Geometriebeschreibungsfehler in der übertragenen Datei, so muß die gesamte Datei erneut mit geänderten Parametern ausgeleitet werden. Das bedeutet ein sehr zeitaufwendiges und fehleranfälliges Vorgehen.

Die Weiterverarbeitung erfolgt heute üblicherweise auf isolierten Einzelsystemen, die auf eine bestimmte Anwendung spezialisiert sind. Mit Hilfe der triangulierten Geometrieinformationen werden die Modelle mit einem Plaziererwerkzeug in einem virtuellen Bauraum plaziert. Handelt es sich um ein Stereolithographieverfahren, so wird zusätzlich eine Stützkonstruktion erzeugt.

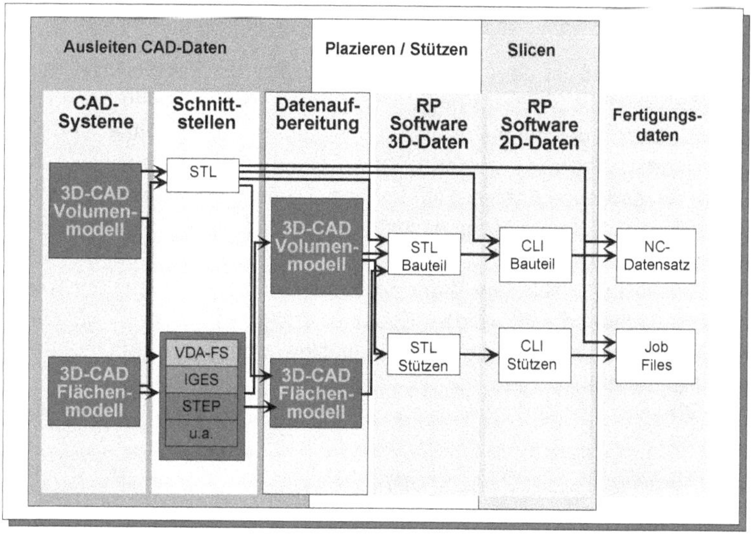

Abbildung 3-4: Datentechnische Prozeßkette der generativen Fertigungsverfahren

Bei anderen generativen Fertigungsverfahren, wie z.B. dem Sinterverfahren, sind solche Stützkonstruktionen nicht erforderlich (siehe Kapitel 3.3.3). Als letzter Bearbeitungsschritt werden die einzelnen Schichtinformationen erzeugt und in einem Standardformat, z.B. CLI-Format (**C**ommon **L**ayer **I**nterface) ausgeleitet (*Geuer 1996, S. 58f*). Dieses Format ist ein allgemeingültiges Format, das speziell für die Übertragung von Konturdaten im Bereich Rapid Prototyping entwickelt wurde. Die CLI-Datei wird zur Generierung des eigentlichen Bearbeitungsvorgangs („Job") auf der RP-Maschine verwendet.

3.2.3 Logistische Prozeßkette

Die logistische Prozeßkette der Technologie Rapid Prototyping beginnt bei der Entscheidung des Anwenders, ein Modell bzw. einen Prototyp einzusetzen. Der erste Schritt ist die Lieferantensuche. Da es sich sehr oft um eine neue Kunden-Lieferanten-Beziehung handelt, muß zumindest beim ersten Mal mit einem erhöhten Aufwand gerechnet werden. Im Anschluß daran erfolgt eine Anfrage bei einem oder mehreren Lieferanten. Nach Erstellung des Angebots erfolgt durch den Anwender die Dienstleisterauswahl und die Auftragserteilung. (vgl. *Brandner 1998*)

In Abbildung 3-5 ist die logistische Prozeßkette der Technologie Rapid Prototyping ab der Auftragsvergabe dargestellt. Auf der einen Seite steht der Anwender, der mittels der CAD-Schnittstelle die 3D-Daten des herzustellenden Bauteils exportiert. Diese Daten oder die nativen CAD-Daten werden nach Abstimmung mit dem Dienstleister mittels der unterschiedlichen Datenübertragungsmöglichkeiten (DFÜ) übertragen. Sie dienen dann, wie bereits in Kapitel 3.2.1 erläutert, dem sogenannten Pre-Processing. Nach dem Bauprozeß müssen die Modelle in der Regel manuell nachgearbeitet werden. Eventuell erfolgt, wie zuvor beschrieben, eine Folgetechnologie. Das endgültige Modell wird abschließend zum Kunden transportiert.

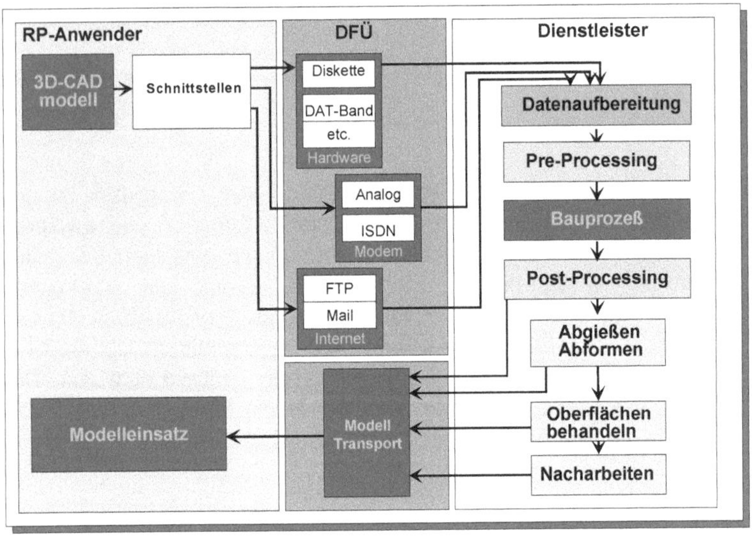

Abbildung 3-5: Logistische Prozeßkette Rapid Prototyping

3.3 Generative Fertigungsverfahren

Die Fertigungstechnologie der generativen Fertigungsverfahren läßt sich in die Einteilung nach DIN 8580 nicht eindeutig einordnen. Aufgrund des Grundprinzips der Fertigungsverfahren, der Umwandlung von einem geometrisch unbestimmten Ausgangsmaterial in einen geometrisch bestimmten Körper, kann man diese Verfahren zum einen den urformenden Verfahren, der Hauptgruppe 1, zuordnen. Betrachtet man allerdings die Funktionsweise der einzelnen Technologien, so ist auch eine Zuordnung in den Bereich der Hauptgruppe 2, dem Fügen, aufgrund der Prozesse Fügen und Kleben möglich. In der Fachliteratur werden generative Fertigungsverfahren oft nach der Form des Ausgangsmaterials – flüssig, pulverförmig oder fest - oder nach den zum Einsatz kommenden Werkzeugen, wie Laser, Schneidmesser oder Düse, unterschieden (*Kruth 1991*). In Abbildung 3-6 sind die verfügbaren generativen Fertigungsverfahren aufgeführt (*Wohlers 1997*).

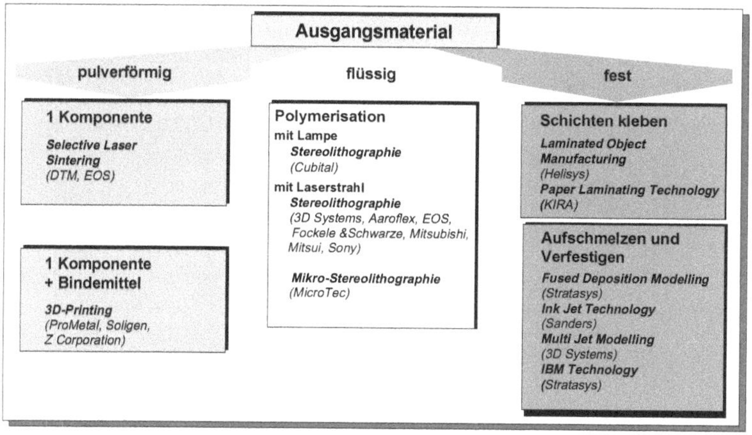

Abbildung 3-6: Generative Fertigungsverfahren im Überblick

Im folgenden werden die für Deutschland marktrelevanten generativen Fertigungsverfahren beschrieben. Die Verfahrensbeschreibung besteht aus den Grundkomponenten, aus denen sich die einzelnen Anlagen aufbauen, dem Grundprinzip, den einsetzbaren Materialarten, den Anlagenhersteller und aus spezifischen Anmerkungen zu den Verfahren.

3.3.1 Stereolithographie (STL)

Grundkomponenten:

Zu den Grundkomponenten einer Stereolithographiemaschine gehören eine Bauplattform, eine Wischvorrichtung, ein UV-Laser, ein Spiegelgalvanometer und ein Harzbehälter.

Grundprinzip:

Auf der Bauplattform wird das Modell aufgebaut. Der UV-Laser wird mit Hilfe eines Spiegelgalvanometers über die Badoberfläche abgelenkt und härtet eine Schicht durch das Überfahren des kompletten Modellquerschnitts aus. Nach der Belichtung einer Schicht wird die Bauteilplattform um eine Schichtdicke in den Harzbehälter abgesenkt. Durch den Wischermechanismus erfolgt der Neuauftrag des Photopolymers und die Glättung der Harzoberfläche. Da die Belichtung des Photopolymers während des Bauprozesses nicht vollständig erfolgt, muß eine nachträgliche Aushärtung des Modells in einem UV-Schrank erfolgen. (*Gebhardt 1996A*)

Materialien: Epoxid-, Vinylether- oder Acrylharze

Hersteller: 3D-Systems, Fockele & Schwarze, Sony, Mitsubishi, Mitsui

Anmerkung: Die Generierung und das Bauen einer Stützkonstruktion ist bei Überhängen notwendig

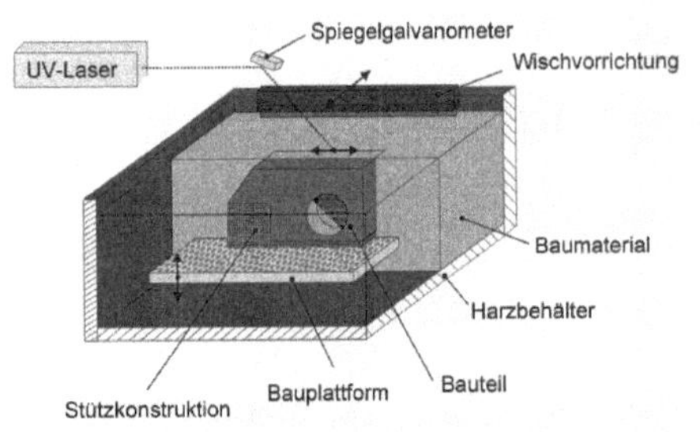

Abbildung 3-7: Grundprinzip Stereolithographie

3.3.2 Solid Ground Curing (SGC)

Grundkomponenten:

Die Grundkomponenten einer Solid Ground Curing-Anlage sind eine Bauplattform, Beschichtungseinheiten für Bau- und Stützmaterial, eine Kühlplatte, eine Fräsvorrichtung, eine Belichtungsmaske, ein Mechanismus zur Maskengenerierung und eine UV-Lampe.

Grundprinzip:

Das Modell wird ebenfalls auf der Bauplattform aufgebaut. Zuerst wird eine Maske, die den Bauteilquerschnitt abbildet, durch ein elektrostatisches Verfahren generiert. Nach dem Auftragen einer neuen Harzschicht wird durch diese Maske mit Hilfe der UV-Lampe die komplette Schicht belichtet und dabei das Photopolymer ausgehärtet. Danach erfolgt das Absaugen des noch überschüssigen, flüssigen Harzes und das Auffüllen der entstehenden Zwischenräume mit flüssigem Wachs. Das Wachs wird mit einer Kühlplatte zum erstarren gebracht und danach das Bauteil auf die gewünschte Schichtdicke zurückgefräst. (*Geuer 1995*)

Materialien: Acrylharz, Epoxidharz

Hersteller: Cubital

Anmerkung: Keine Stützkonstruktion notwendig

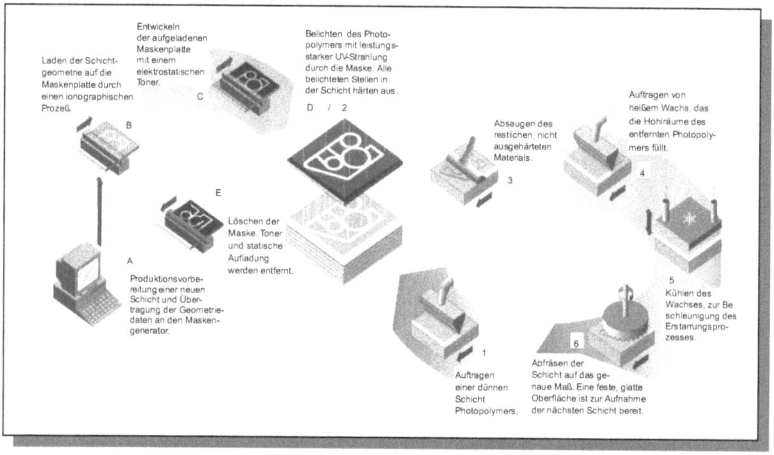

Abbildung 3-8: Grundprinzip Solid Ground Curing

3.3.3 Selective Laser Sintering (SLS)

Grundkomponenten:

Eine Anlage zum Lasersintern besteht aus einem Behälter für das pulverförmige Material, einer Bauplattform, einem Spiegelgalvanometer, einem Beschichtungsmechanismus und einem CO_2-Laser.

Grundprinzip:

Ein CO_2-Laser verschmilzt punktweise, entsprechend der Bauteilgeometrie, das pulverförmige Baumaterial. Der Laser wird dabei durch ein Spiegelgalvanometer geführt. Das Material wird während des gesamten Bauprozesses nahe an den Schmelzpunkt erhitzt, damit die Laserenergie zum Start des Verschmelzungsprozesses ausreicht. Nach der Generierung einer Schicht wird die Bauteilplattform um eine Schichtdicke in den Pulverbehälter abgesenkt. Durch den Beschichtungsmechanismus erfolgt der Neuauftrag des pulverförmigen Baumaterials und die Glättung der Pulveroberfläche. (*Nöken 1997*)

Materialien: Nylon, Wachse, Polycarbonat, Polystyrol, Stahl, Bronzelegierung und Croning Sand

Hersteller: EOS, DTM

Anmerkung: Die Generierung einer Stützkonstruktion ist nur bei einigen Werkstoffen notwendig

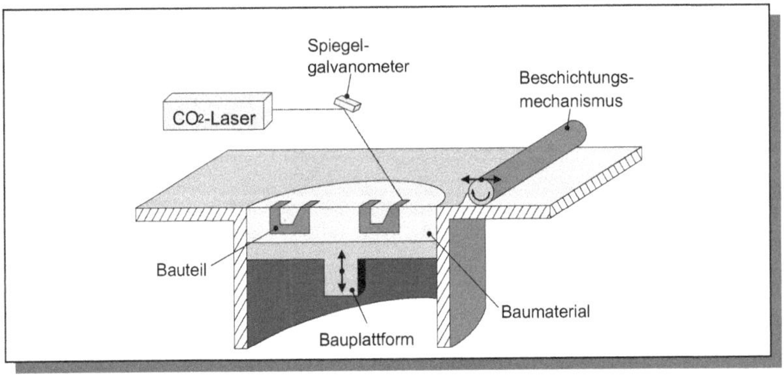

Abbildung 3-9: Grundprinzip Selective Laser Sintering

3.3.4 Fused Deposition Modelling (FDM)

Grundkomponenten:

Die Grundkomponenten einer FDM-Maschine sind eine Bauplattform, zwei Extrudierdüsen und ein 2D-Plottermechanismus.

Grundprinzip:

Ein thermoplastisches Baumaterial wird entlang der Bauteilgeometrie durch eine Extrudierdüse aufgetragen. Anschließend erfolgt der Auftrag des Stützmaterials durch eine zweite Extrudierdüse. Die Extrudierdüsen werden dabei durch einen NC-gesteuerten 2D-Plottermechanismus geführt. Nach dem Aufbau einer Schicht wird die Bauteilplattform um eine Schichtdicke abgesenkt. (*Teufel 1997*)

Materialien: ABS oder Wachs

Hersteller: Stratasys

Anmerkung: Die Generierung und das Bauen einer Stützkonstruktion bei Überhängen ist notwendig

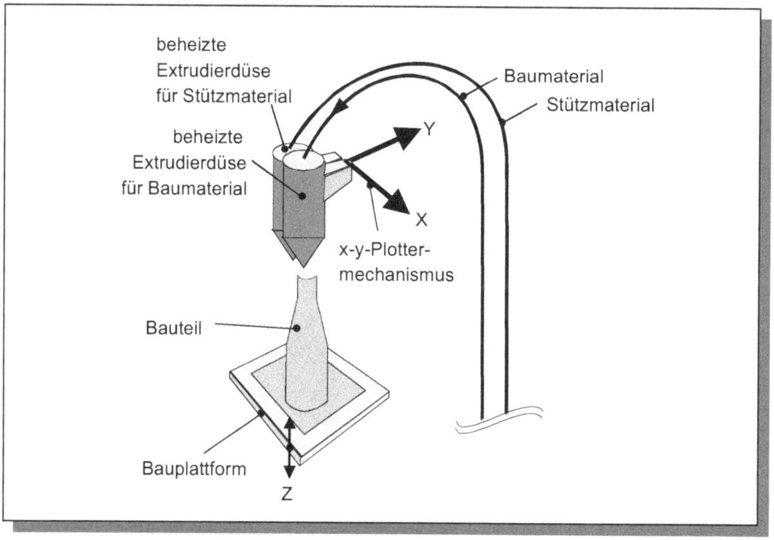

Abbildung 3-10: Grundprinzip Fused Deposition Modelling

3.3.5 Laminated Object Manufacturing (LOM)

Grundkomponenten:

Die Grundkomponenten einer LOM-Anlage sind eine Bauplattform, ein CO_2-Laser, ein 2D-Plottermechanismus, eine beheizbare Andrückrolle und eine Einrichtung für die Zufuhr von folienförmigem Baumaterial.

Grundprinzip:

Die erste Folienschicht wird durch den Zufuhrmechanismus über die Bauplattform transportiert. Durch den beheizbaren Rollenmechanismus erfolgt die Aktivierung des auf die Folie einseitig aufgetragenen Heißklebers und verbindet so die Schichten miteinander. Der CO_2-Laser schneidet nach dem Verkleben kontinuierlich entlang der Bauteilkontur das folienförmige Baumaterial aus. Der Laser wird dabei durch einen 2D-Plottermechanismus geführt. Das Material in Hohlräumen wird in einzelne kleine Würfel zerschnitten. Nach der Generierung einer Schicht wird die Bauteilplattform um die Foliendicke abgesenkt und durch die Materialzufuhr mit einer neuen Folienschicht bedeckt. (*Gebhardt 1996A*)

Materialien: Papier, Kunststoffe, Metalle (z. Zt. noch in Entwicklung) oder Keramiken in Form von Folien

Hersteller: Helisys

Anmerkung: Eine Stützkonstruktion ist nicht notwendig

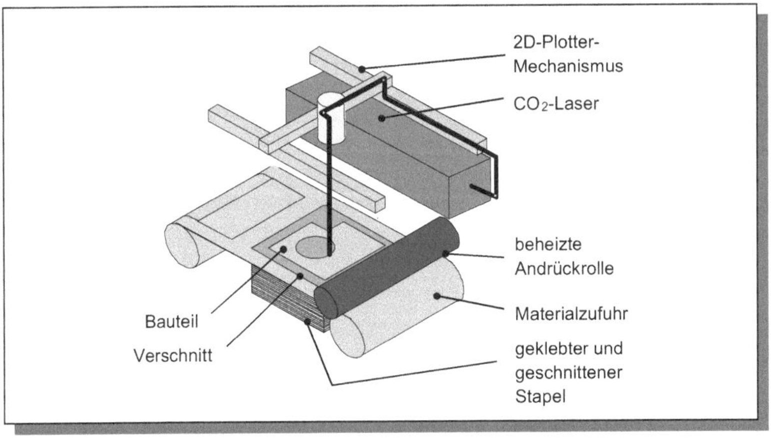

Abbildung 3-11: Grundprinzip Laminated Object Manufacturing

3.3.6 Paper Laminating Technology (PLT)

Grundkomponenten:

Eine PLT-Anlage besteht aus einem Laserdrucker, einer Bauplattform, einem Schneidplotter, einer beheizbaren Andruckplatte und einer Einrichtung für die Zufuhr von Einzelblättern.

Grundprinzip:

Zunächst druckt der Laserdrucker den Querschnitt der Bauteilgeometrie auf Papier auf. Das bedruckte Papier wird mit Hilfe der Zufuhreinrichtung über die Bauplattform transportiert. Die beheizbare Andruckplatte schmilzt den durch den Laserdrucker aufgetragen Toner nochmals auf und preßt die einzelnen Schichten aufeinander, so daß sie miteinander verkleben. Mit einem Schneidmesser erfolgt dann das Ausschneiden der Bauteilkontur. Das Messer wird dabei durch einen NC-gesteuerten 2D-Plottermechanismus geführt. (*Fruth 1998*)

Materialien: Handelsübliches Papier

Hersteller: Kira

Anmerkung: Die Generierung einer Stützkonstruktion ist nicht notwendig

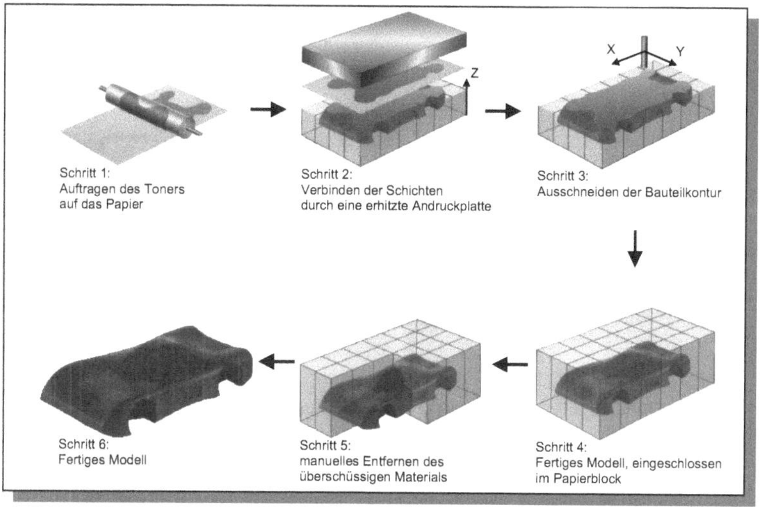

Abbildung 3-12: Grundprinzip Paper Laminating Technology

3.3.7 Ink Jet Modelling (IJM)

Grundkomponenten:
Die Grundkomponenten des Ink Jet Modelling sind eine Bauplattform, zwei Plot-Düsen und ein 2D-Plottermechanismus.

Grundprinzip:

Das thermoplastische Baumaterial wird entsprechend der Bauteilgeometrie durch eine Düse in Form von Tropfen aufgetragen. Anschließend erfolgt der Auftrag des Stützmaterials durch die zweite Düse. Die Düsen werden dabei durch einen computergesteuerten 2D-Plottermechanismus geführt. Dann wird das Bauteil auf die gewünschte Schichtdicke eben gefräst. Nach dem Aufbau einer Schicht wird die Bauteilplattform um eine Schichtdicke abgesenkt. (*Gebhardt 1996A*)

Materialien: Wachsähnlicher Thermoplast und Wachs

Hersteller: Sanders

Anmerkung: Die Generierung und das Bauen einer Stützkonstruktion bei Überhängen ist notwendig

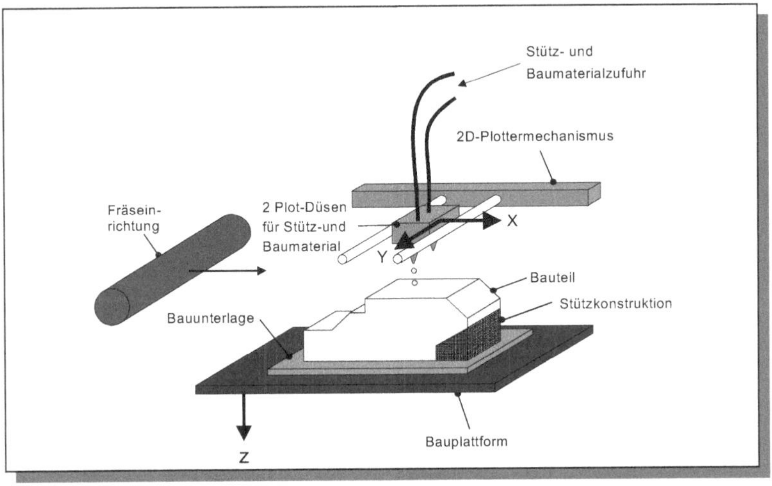

Abbildung 3-13: Grundprinzip Ink Jet Modelling

3.3.8 Multi Jet Modelling (MJM)

Grundkomponenten:

Die Grundkomponenten der MJM-Anlage sind eine in zwei Richtungen verfahrbare Bauplattform, ein Druckkopf mit den 96 integrierten Düsen und ein 1-Achs-Verfahrmechanismus.

Grundprinzip:

Das thermoplastische Baumaterial wird in einem Behälter aufgeschmolzen und entsprechend der Bauteil- und Stützgeometrie durch die 96 Düsen in Form von Tröpfchen aufgetragen. Der Druckkopf wird dabei durch einen computergesteuerten 1-Achs-Verfahrmechanismus geführt. Das Baumaterial wird in Breite des Druckkopfes aufgetragen. Danach erfolgt das Verschieben der Bauplattform um eine Druckkopfbreite. Nach dem Aufbau der gesamten Schicht wird die Bauplattform um eine Schichtdicke abgesenkt. (*Macht 1996*)

Materialien: Wachsähnlicher Thermoplast

Hersteller: 3D-Systems

Anmerkung: Die Generierung und das Bauen einer Stützkonstruktion bei Überhängen ist notwendig

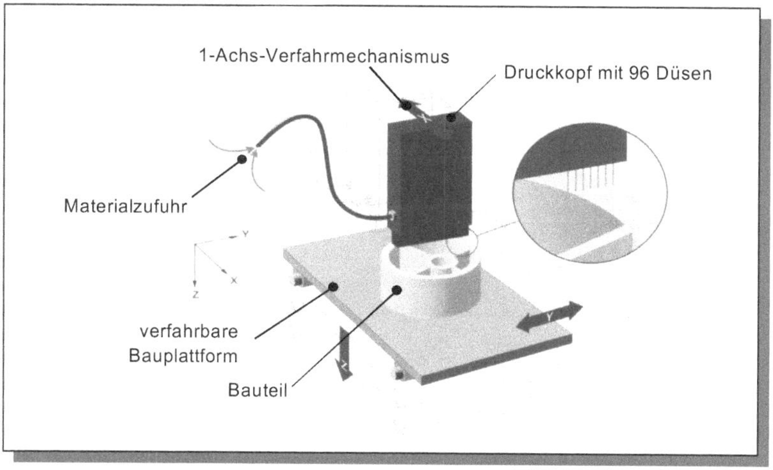

Abbildung 3-14: Grundprinzip Multi Jet Modelling

3.4 Folgetechniken

Um Anforderungen wie z.B. eine höhere Stückzahl, bessere Materialeigenschaften oder optische Anforderungen zu erfüllen, kommen verschiedene Folgetechniken zum Einsatz. Mit Hilfe der Folgetechniken kann z.B. das Materialspektrum stark erweitert werden, was besonders beim Zielwerkstoff Metall sehr wichtig ist, da generative Fertigungsverfahren zur direkten Herstellung von metallischen Modellen noch nicht im industriellen Einsatz sind. Auch im Bereich der Optik, Haptik und Oberflächenqualität kann mit Folgetechniken, wie Nachbearbeitung und Beschichtung, die Modellqualität wesentlich verbessert werden. In Abbildung 3-15 sind die gängigsten Folgetechnologien im Überblick dargestellt, auf die im folgenden näher eingegangen wird.

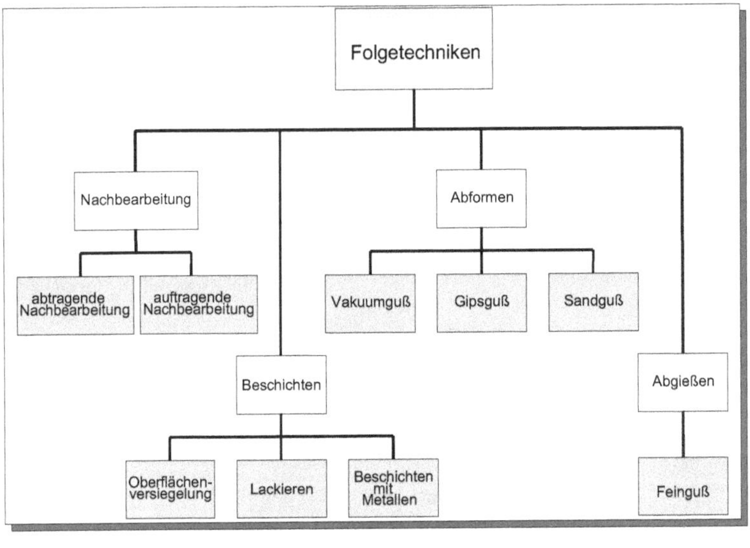

Abbildung 3-15: Übersicht Folgetechniken

3.4.1 Nachbearbeitung

Abtragende Nachbearbeitung

Zu den abtragenden Verfahren werden Bohren, Schleifen, Drehen, Sandstrahlen und Polieren gerechnet. Diese Art der Bearbeitung wird in ihren verschiedenen Formen fast immer bei RP-Modellen angewendet, da die Oberflächenqualität durch die bei allen generativen Verfahren mehr oder weniger entstehenden Treppen für die meisten Anwendungen nicht ausreichend ist. Die Bearbeitung mit den oben genannten Verfahren ist allerdings nicht immer möglich. Je nach Material können nur einige oder gar keine der Verfahren angewendet werden.

Auftragende Nachbearbeitung

Das Auftragen von Füllern ist eine Methode, die im konventionellen Modellbau häufig eingesetzt wird. Bei RP-Modellen kommt sie vor allem zum Auffüllen von Oberflächenfehlern am Modell oder der nachträglichen Modellierung beschädigter Geometrien zum Einsatz. Das RP-Modell kann auch zusammen mit leicht modellierbaren Werkstoffen als Grundlage für Designstudien verwendet werden.

3.4.2 Beschichten

Durch Beschichten können verschiedene Eigenschaften der Modelloberfläche beeinflußt werden. Es ist möglich die Oberflächenqualität, die Haptik, die Farbe, ja sogar die Festigkeit des Modells zu verändern.

Beschichten mit Metallen

Die Beschichtung mit Metallen wird vor allem durchgeführt, um die Optik eines Modells zu verändern bzw. zu verbessern. Es gibt unterschiedliche Beschichtungsmethoden, wie z.B. Galvanisieren, Aufdampfen usw. Die Modelloberfläche muß dabei abhängig von der eingesetzten Rapid Prototyping-Prozeßkette und von dem Auftragsverfahren entsprechend vorbereitet werden, damit sich die Metallschicht ablagern läßt und sich später nicht wieder ablöst (siehe Abbildung 3-16).

Oberflächenversiegelung

Oberflächenversiegelungen werden vor allem bei porösen Oberflächen von Modellen eingesetzt. Sie bilden eine Barriere für das Eindringen von flüssigen oder gasförmigen Substanzen in das Modell. So wird verhindert, daß Modelle diese Stoffe aufnehmen und dadurch in ihren Eigenschaften beeinflußt werden. Damit wird z.B. das Quellen der Modelle durch Wasseraufnahme oder das Auflösen von Bindemitteln durch äußere Einflüsse unterbunden. Die Substanz für die Oberflächenversiegelung dringt beim Auftragen auch in poröse Modelle ein, was in den meisten Fällen eine Erhöhung der Festigkeit des Modells bewirkt. Bei einigen generativen Fertigungsverfahren wird dies gezielt angewandt, um die Festigkeit der Modelle zu steigern oder die Anisotropie von Modellen auszugleichen.

Lackieren

Durch das Lackieren werden gezielt optische Eigenschaften erreicht. Es werden dafür Lacke in unterschiedlichen Farben oder klare Lacke aufgetragen. Teilweise erfüllt das Lackieren die gleichen Aufgaben wie das Versiegeln. Weiterhin erhöht das Lackieren wie die Oberflächenversiegelung z.B. bei Papiermodellen die Modellfestigkeit erheblich. Die Modelloberfläche muß häufig noch durch andere Bearbeitungsschritte vorbereitet werden, damit sich der Lack nicht wieder ablöst. Beim Lackieren muß beachtet werden, daß manche Modellbaustoffe der generativen Fertigungsverfahren durch die in den Lacken enthaltenen Lösungsmittel angegriffen werden und sich auflösen.

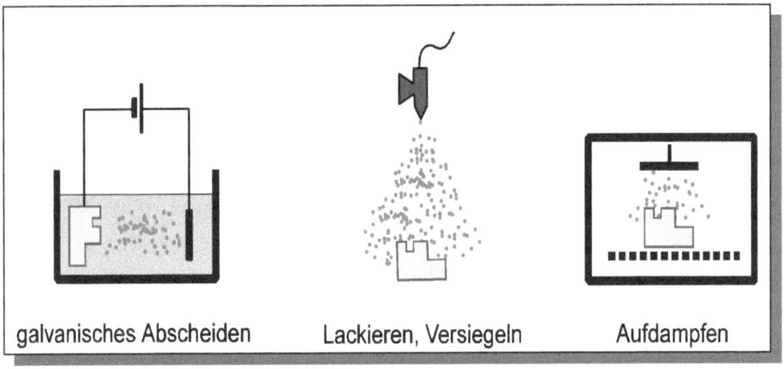

Abbildung 3-16: Grundprinzip Oberflächenbeschichtung

3.4.3 Abformen

Mit Hilfe eines körperlichen Modells kann beim Abformen durch unterschiedliche Techniken eine Gußform hergestellt werden. Das Modell wird dabei nicht zerstört und kann öfter wiederverwendet werden. Mit den Gußformen können Bauteile aus unterschiedlichen Materialien gefertigt werden.

Vakuumguß (VG)

Beim Vakuumguß wird das Modell mit einer Silikonmasse abgeformt, die nach dem Erstarren vorsichtig wieder vom Modell abgelöst werden kann (siehe Abbildung 3-17). In der so entstandenen Form können dann mit Gießharzen oder Werkstoffen, die bei niedrigen Temperaturen vergießbar sind, weitere Modelle gefertigt werden. Die Form kann dabei je nach Modell und Abgußmaterial bis zu 25 mal wiederverwendet werden, ehe sie durch Abnutzung unbrauchbar wird. Außer Gießharzen, wie Polyurethanen, Epoxid- und Polyesterharzen, ist auch der Einsatz von Wachs, Gips und niedrigschmelzenden Metallegierungen als Abgußmaterial möglich. Die Gießharze kommen in ihren Eigenschaften Serienwerkstoffen wie ABS und Polycarbonat sehr nahe. Da die Silikonform sehr flexibel ist, ist es möglich auch leichte Hinterschneidungen zu entformen, starke Hinterschneidungen oder Hohlräume sind allerdings nicht fertigbar. (*Weihbrecht 1998*)

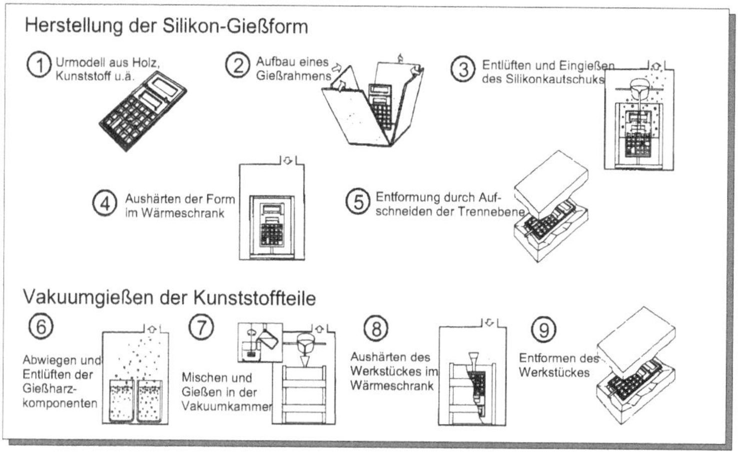

Abbildung 3-17: Grundprinzip Vakuumgießen

Sandguß (SG)

Das Sandgußverfahren ermöglicht es mit einem körperlichen Modell als Dauermodell Abgüsse mit dem Zielwerkstoff Metall zu fertigen. Das Modell muß hierbei in den meisten Fällen in zwei Teilen gefertigt oder später geteilt werden. Die einzelnen Formhälften werden dann in einem Formkasten durch Auffüllen und Stampfen mit Formsand abgeformt. Vor der Abformung müssen noch entsprechende Guß- und Entlüftungskanäle dem Modell mit konventionellen Methoden hinzugefügt werden. Als Materialien können alle gießbaren Metalle verwendet werden. Die Modelle müssen für den Abformprozeß eine ausreichende Festigkeit aufweisen. Die Modelloberfläche muß eventuell gegen die Feuchtigkeit des Formsandes versiegelt werden. Die Oberflächenrauhigkeit sollte möglichst gering sein, deshalb müssen die Modelle zuvor entsprechend bearbeitet werden. Die Fertigung von Hinterschnitten ist nur durch den Einsatz von eigens gefertigten Kernen möglich. Nach dem Entformen der RP-Modelle werden die Formhälften zusammengefügt und es kann ein Abguß gemacht werden. Mit dem Lasersintern (SLS) können aber auch direkt Sandgußformen hergestellt werden. Diese Prozeßkette bildet einen Grenzfall zum Rapid Tooling, da 3D-CAD-Daten der Sandgußformen benötigt werden. (vgl. *Gebhardt 1996A*)

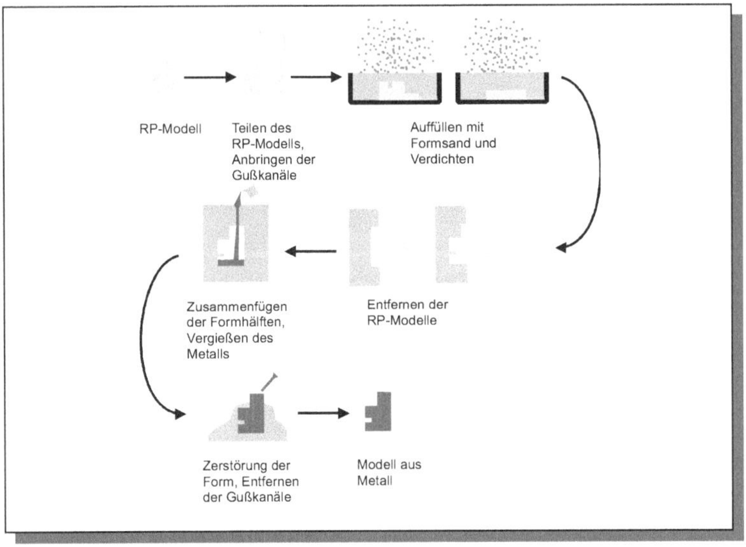

Abbildung 3-18: Sandguß

3.4.4 Abgießen

Beim Abgießen wird das Modell als verlorenes Modell für einen Gußprozeß verwendet. Dies ist nur mit Materialien möglich, die bei Ausbrenntemperaturen fast vollständig flüssig oder gasförmig werden und aus der Form entweichen können. Eine zu große Restaschemenge führt zu einer Schädigung des Gußteils.

Feinguß (FG)

Das Modell wird beim Feinguß durch eine Keramikform umschlossen und vor dem Gießen wieder ausgebrannt. Dazu werden zuerst Gießkanäle aus Wachs an das Modell angeklebt. Zur Bildung der Form wird das Modell entweder mehrmals abwechselnd mit einer keramischen Masse und Sand beschichtet und so eine Gußschale gebildet oder vollständig in eine Kastenform mit einer keramischen Sandmischung und Bindemittel eingebettet. Nach dem Gießprozeß muß die Form zerbrochen werden, um an das Bauteil zu gelangen. Die Form sowie das Ausgangsmodell gehen dabei verloren, so daß pro Modell nur ein Gußteil hergestellt werden kann. Als Materialien sind bis auf wenige Ausnahmen alle vergießbaren Metalle geeignet. Da die keramische Masse, die auf das Modell als erste Schicht aufgetragen wird, eine Korngröße besitzt, die im mikroskopischen Bereich liegt, hängt die Oberflächenqualität des Gußteils weitestgehend von der des Urmodells ab. (*Dusel u.a. 1997*)

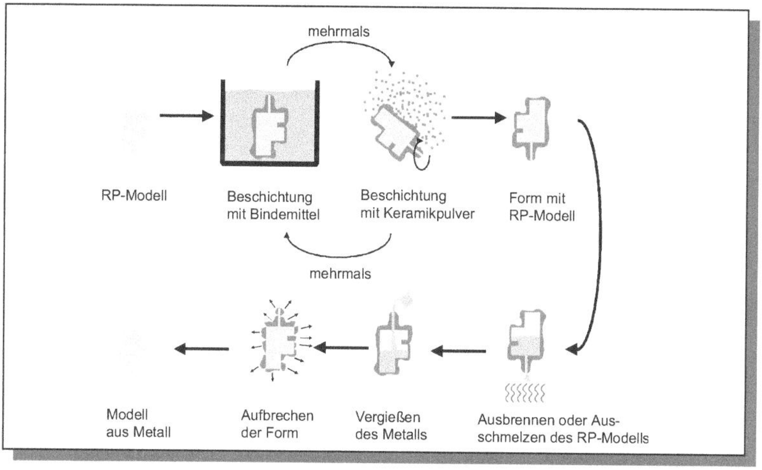

Abbildung 3-19: Feinguß

Vakuum-Differenzdruck-Verfahren (VDV)

Eine Kombination aus dem Vakuumgießen und dem Feinguß ist das Vakuum-Differenzdruck-Verfahren. Das Urmodell wird in einem geeigneten Gefäß in aktiviertes Silikongranulat eingebettet. Es wird anschließend mit automatisch dosiertem und gemischten Mehrkomponentensilikon übergossen. Das dünnflüssige Silikon durchdringt das Granulat und füllt aufgrund des Hochvakuums die komplette Form. Nach dem Aushärten des Silikons wird die Form geöffnet, das Urmodell entnommen, und die Füllbohrungen werden gesetzt. Mit dieser fertigen Form lassen sich beliebig viele Abgüsse aus Wachs erzeugen. Die Silikonformen werden in einem Wärmeschrank abgekühlt. Nach ein paar Stunden können sie geöffnet und die Wachsteile entnommen werden. Die auf diese Weise erzeugten Wachsteile werden an einen sogenannten Wachsbaum geheftet. Der wiederum wird in eine Küvette gestellt und fixiert. Die Küvette wird anschließend mit einer Einbettmasse umhüllt. Beim Brennvorgang werden die gefüllten Küvetten nach einer Stunde in den vorgeheizten Brennofen gestellt. Das Wachs schmilzt aus. In einem Graphittiegel wird das Metall unter Vakuum aufgeschmolzen und exakt bei der erforderlichen Gießtemperatur unter Vakuum vergossen. Derzeit sind bereits eine Reihe von Aluminium-, Zink- und Kupferlegierungen verfügbar. (*Notar 1998*)

3.5 Neuentwicklungen von Rapid Prototyping-Prozeßketten

Die Entwicklung von neuen Rapid Prototyping-Prozeßketten ist, wie schon dargestellt, sehr dynamisch. Aus diesem Grund können im Rahmen dieser Arbeit die aktuellen Trends im Bereich des Rapid Prototyping nur ansatzweise aufgezeigt werden. Bei den generativen Fertigungsverfahren werden zur Zeit vor allem Anlagen für sehr spezielle Anwendungen entwickelt. Die Entwicklung der Firma MicroTec geht u.a. hin zur Herstellung von Mikro-Bauteilen mit Fertigungstoleranzen von 0,1 µm und Bauteilgrößen unter 5 mm (*Götzen 1998*). Anlagen wie von der Firma ProMetal oder einiger Forschungsinstitute dienen zur direkten Herstellung von metallischen Modellen (*RPR 1998A*). Bislang konnten metallische Modelle nur unter dem Einsatz von Folgetechnologien hergestellt werden. Die Verfahren zur Herstellung von metallischen Modellen sind allerdings auf dem Dienstleistermarkt noch nicht verfügbar. Die dritte Entwicklung ist der Einsatz von sehr günstigen RP-Prozeßketten, die ohne verfahrensspezifisches Know-how und in Büroumgebung eingesetzt werden. Man spricht hier auch von den sogenannten Office-Anlagen (Stratasys, Z-Corporation) (*RPR 1997B, RPR 1998B*). Neben diesen Entwicklungen bei den generativen Fertigungsverfahren wird an einer Reihe von Folgetechnologien entwickelt, mit deren Hilfe man durch Abformen Prototypenwerkzeuge ohne aufwendige Werkzeugkonstruktion herstellen kann (Kelltool, 3D-Systems)(*RPR 1997A*).

3.6 Prozeßketten Rapid Prototyping

Lagen 1993 die Anzahl der Modelle, die unter Zuhilfenahme von Folgetechnologien hergestellt wurden, nur bei ca. 30% (*Nöken & Geiger 1993*), so zeichnet sich zur Zeit eine Entwicklung hin zu höher qualitativen Modellen ab, die vermehrt eine Kombination aus generativen Fertigungsverfahren und Folgetechnologien erfordern (*NCG 1997, Gebhardt u.a. 1996*). Grundsätzlich ist eine Vielzahl von Kombinationen der unterschiedlichen generativen Fertigungsverfahren mit den Folgetechnologien denkbar. Es haben sich aber im Dienstleistermarkt zur Zeit etwa 20 Prozeßketten etabliert. Zusammenfassend sind diese in der folgenden Abbildung 3-20 im Überblick dargestellt. Die Nachbearbeitungsschritte werden der Übersicht halber nicht berücksichtigt.

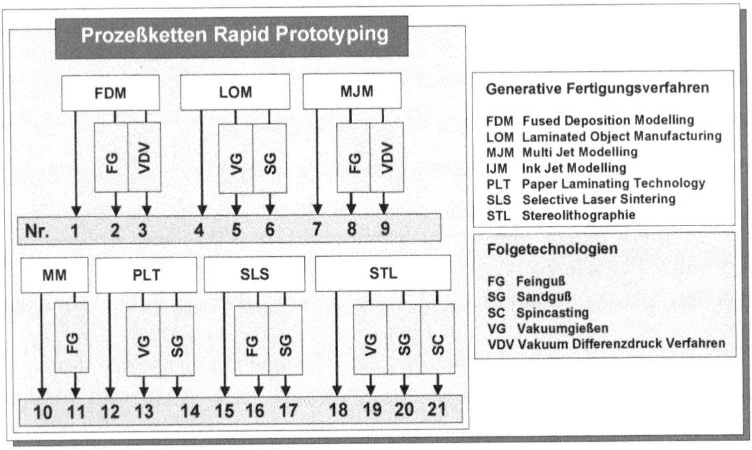

Abbildung 3-20: In der Praxis angewandte Prozeßketten

4 Einsatz von Rapid Prototyping in der Produktentwicklung

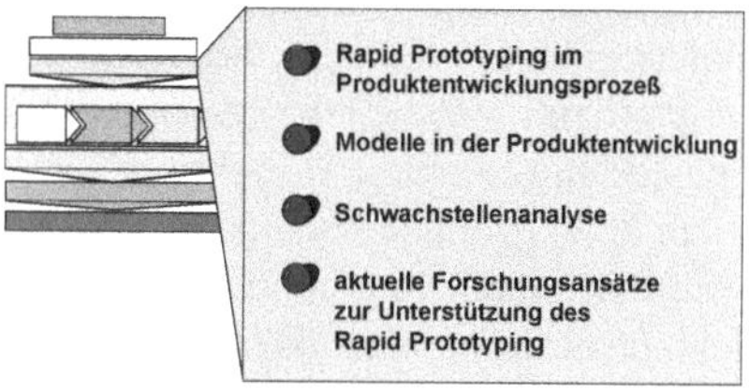

Da es sich bei der Technologie Rapid Prototyping noch um eine sehr junge Technologie handelt, ergeben sich für Unternehmen aufgrund der geringen Erfahrung einige Hemmnisse bzw. Probleme beim Einsatz der Technologie im Rahmen der Produktentwicklung. Ziel dieses Kapitels ist es, eine Einordnung von Rapid Prototyping in den Entwicklungsprozeß durchzuführen und die wesentlichen Schwachstellen aufzuzeigen. Weiterhin werden aktuelle Forschungsansätze zur Unterstützung des Anwenders vorgestellt und abschließend bewertet.

4.1 Einordnung von Rapid Prototyping in den Produktentwicklungsprozeß

Der zunehmende internationale Wettbewerb ist vor allem durch eine stark zunehmende Innovationsdynamik gekennzeichnet. Schon jetzt ist teilweise die Produktentwicklungszeit länger als die Vermarktungsdauer. Dies erfordert neben einem erhöhten Aufwand in der Produktentwicklung auch eine wachsende Zahl der Neuentwicklungen *(Bullinger 1995)*. Aufgrund der Innovationsdynamik gewinnt ein früher Markteintritt unter Berücksichtigung der kundenspezifischen Wünsche stark an Bedeutung *(Bullinger 1993)*.

Der Dynamik der Märkte entgegnen die Unternehmen mit unterschiedlichen Maßnahmen. Als organisatorische Maßnahmen sind u.a. die Einführung von Simultaneous Engineering oder Concurrent Engineering zu nennen. Mit Hilfe dieser Methoden können komplexe Entwicklungsprozesse parallelisiert und damit die gesamte Entwicklungszeit reduziert werden. Diese Maßnahmen werden auch in den früher nachgelagerten Unternehmensbereichen wie dem Einkauf oder der Herstellung der Produktionsmittel angewendet. Das bedeutet eine verstärkte Parallelisierung von Produkt- und Prozeßentwicklung. Der Zeitreduzierung steht allerdings ein erhöhter Koordinations- und Planungsaufwand entgegen. Neben diesen organisatorischen Maßnahmen werden verstärkt rechnergestützte Werkzeuge eingesetzt. Hierzu zählt u.a. der Einsatz von 3D-CAD-Systemen, die Finite Elemente Methode (FEM) und das Virtual Prototyping. Diese Anwendungen sind aber zur Zeit noch stark einzelplatzorientiert, wodurch die Kooperation zwischen den am Entwicklungsprozeß beteiligten Personen behindert werden kann. Im frühen Entwicklungsstadium, in dem nur einige wenige Informationen über das zukünftige Produkt vorliegen, sind jedoch vor allem Kooperation und Kommunikation von besonderer Bedeutung *(Gattiker 1993)*. Die Produktentwicklung, und damit der Produktreifegrad, ist im wesentlichen davon abhängig, schnell und in einer frühen Phase der Entwicklung die wesentlichen Produkteigenschaften hinreichend absichern zu können.

Um dieses Ziel zu erreichen, wenden Unternehmen vermehrt die Technologie Rapid Prototyping zur Unterstützung des Produktentwicklungsprozesses an (vgl. *NCG 1997*). Der Einsatz von physischen Modellen bzw. Prototypen beschränkt sich hierbei nicht nur auf die Herstellung der „klassischen Prototypen" (siehe Kapitel 3). Vielmehr können Modelle schon in sehr frühen Phasen der Produktentwicklung zur Überprüfung ganz spezifischer Produkteigenschaften verwendet werden, um im Rahmen der Produktentwicklung zu einem früheren Zeitpunkt zu abgesicherten Entscheidungen zu kommen.

Aufgrund dessen werden zu einem frühen Zeitpunkt in der Produktentwicklung physische Modelle benötigt und es kommen mehrere, unterschiedlich ausgeprägte Modelle zum Einsatz. Neben den geringeren Herstellungskosten für körperliche Modelle, die mittels generativer Fertigungsverfahren gefertigt wurden, - bis zu 80% Reduzierung bei komplexen Modellen (*Steger & Conrad 1995*) - sind die kurzen Fertigungszeiten der Technologie Rapid Prototyping von Vorteil.

Der Einsatz der Technologie Rapid Prototyping verfolgt drei wesentliche Zielsetzungen (siehe Abbildung 4-1): Erstens die Reduzierung des Herstellungsaufwandes von körperlichen Modellen, zweitens die Unterstützung der Koordination und Kommunikation in komplexen, parallel ablaufenden Entwicklungsprojekten und drittens die Unterstützung von Entscheidungen im Rahmen der Produktentwicklung (*Döllner 1997, Geuer 1996, Lindemann & Reichwald 1998, Wheelwright & Clark 1994*).

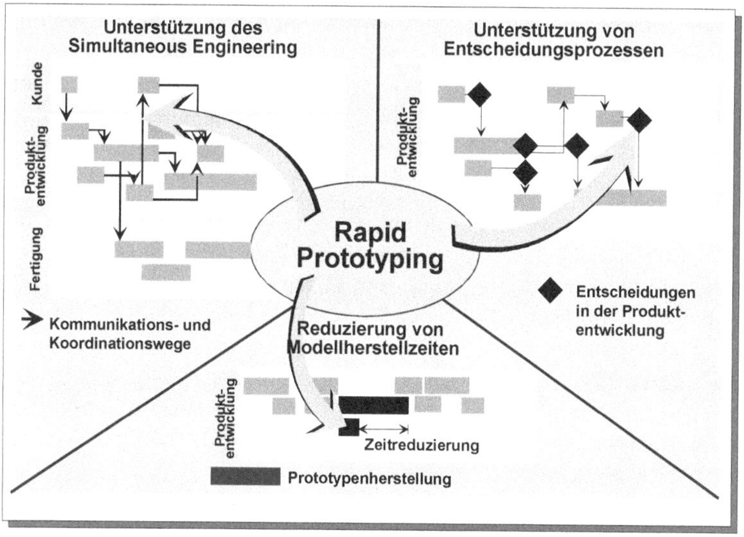

Abbildung 4-1: Zielsetzung beim Einsatz von Rapid Prototyping in der Produktentwicklung

4.2 Modelle in der Produktentwicklung

Im Rahmen der Produktentwicklung werden zahlreiche Modelle und Prototypen eingesetzt. Unter Modellen versteht man grundsätzlich die Darstellung eines Vorbildes. Sie dienen der Überprüfung und Abstimmung in den unterschiedlichsten Entwicklungsphasen. Vor allem zu Beginn der Produktentwicklung kommt Modellen eine besondere Bedeutung zu, da in der Anfangsphase einer Produktentwicklung der größte Anteil der Produktionskosten festgelegt wird. (*Gebhardt 1996B)*

Zur frühzeitigen Absicherung von Produkteigenschaften stehen heute eine Vielzahl von Analysemethoden und Hilfsmitteln aus den Bereichen Versuch, Berechnung und Simulation zur Verfügung *(Bernard 1997).* Zu den Hilfsmitteln zählen auch physische und rechnerinterne Modelle. Wichtigstes Merkmal dieser Modelle ist, daß sie Eigenschaften des realen Produkts vereinfachen, aber doch hinreichend genau beschreiben. Es gibt jedoch noch keine Modellart, mit der sich alle Eigenschaften eines Produkts mit ausreichender Aussagekraft vorhersagen lassen. Vielmehr ist jede Modellart nur für die Überprüfung bestimmter Produktmerkmale besonders geeignet. Beispielsweise ist es mit Hilfe der Finiten-Elemente-Methode (FEM) möglich, die Spannungsverteilung in Bauteilen zu berechnen. Über die Handhabbarkeit eines Produkts liefert sie jedoch keine Aussage (*Reinhart u.a. 1997B*).

In der Produktentwicklung spielen vor allem physische Modelle eine wichtige Rolle. Sie dienen unterschiedlichen Zwecken wie der Designverifizierung oder der Überprüfung von Montier- und Handhabbarkeit. Die Herstellung von physischen Modellen ist in der Regel Aufgabe des Muster- und Prototypenbaus, der bislang mit konventionellen Fertigungsverfahren arbeitete. Seit Anfang der 90er Jahre sind in Ergänzung dazu verschiedene generative Fertigungsverfahren entstanden, mit denen körperliche Modelle direkt auf der Basis von 3D-CAD-Daten durch schichtweises Aufbauen hergestellt werden können.

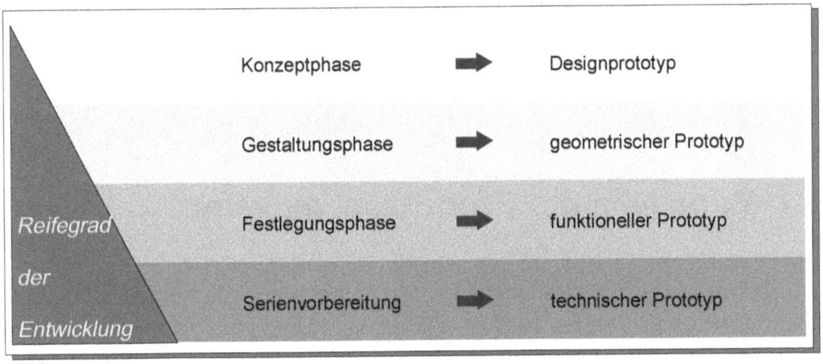

Abbildung 4-2: Einteilung von Modellen nach dem Reifegrad

In Anlehnung an den Verband der Deutschen Industrie Designer werden die Modelle unterschieden in Proportions-, Ergonomie-, Design- und Funktionsmodelle, Protoypen und Muster. Diese einzelnen Modelltypen sind sehr stark an den zeitlichen Fortschritt im Produktentwicklungsablauf geknüpft *(Gebhardt 1996B)*. In der Industrie wird oft auch eine Einteilung nach dem Reifegrad des Prototypen vorgenommen (siehe Abbildung 4-2). Diese Einteilung lehnt sich an die unterschiedlichen Entwicklungsphasen an, nicht jedoch an den Modelleinsatz. Eine weitere Einteilung der körperlichen Modelle ist deshalb die nach der Zielsetzung bzw. nach dem Einsatzbereich der unterschiedlichen Modelle. Reinhart unterscheidet deshalb das Anschauungsmodell, das Kommunikationsmodell, das Funktions- und das Prozeßmodell (*Reinhart u.a. 1994*).

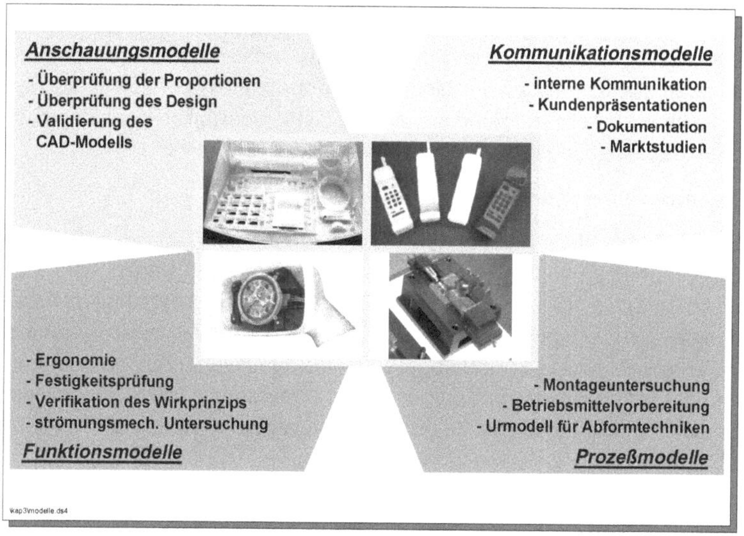

Abbildung 4-3: Modelle in der Produktentwicklung

Das Optimierungspotential, das im Bereich der Prototypen- und Modellherstellung zu sehen ist, wird durch die Analyse der Zeitanteile bei der Herstellung konventioneller, physischer Prototypen am gesamten Produktentwicklungszyklus aufgezeigt. In vielen Fällen werden 25 % der Entwicklungszeit auf die Erstellung von Prototypen verwendet. Wobei in 60% der untersuchten Fälle die Fertigungszeit mehrere Monate betrug (*König 1993*). Im folgenden werden drei grundsätzliche Verfahren zur Abbildung von Modelleigenschaften gegenüber gestellt: Der konventionelle Modellbau, die generativen Fertigungsverfahren und das Virtual Prototyping.

Konventioneller Modellbau

Der konventionelle Modellbau ist ein traditioneller Handwerksberuf, der im Laufe der Zeit Fertigungsverfahren wie Fräsen und Drehen integriert hat. Jedoch ist der Anteil der manuellen Tätigkeiten im Modellbau immer noch sehr hoch. Im Rahmen des Modellbaus werden auf Basis von Fertigungszeichnungen physische Modelle hergestellt. Da im Modellbau die unterschiedlichsten Fertigungsverfahren eingesetzt werden, entspricht das verfügbare Materialspektrum dem der späteren Serie. Bei komplexen Modellen ist der Aufwand für die Arbeitsplanung und für die Arbeitsvorbereitung allerdings sehr hoch. Das hat lange Herstellungszeiten im klassischen Modellbau zur Folge. Lassen sich Produkteigenschaften auch an stark vereinfachten Modellen überprüfen, hat der konventionelle Modellbau Vorteile aufgrund seiner Flexibilität hinsichtlich der einsetzbaren Materialien und Werkzeuge *(Bernard & Stetter 1997).*

Generative Fertigungsverfahren

Mit den generativen Fertigungsverfahren können auf Basis von 3D-CAD-Daten nahezu mannlos körperliche Modelle hergestellt werden. Die Stereolithographie, das erste auf dem Markt verfügbare generative Fertigungsverfahren, steht seit 1987 zu Verfügung. Vorteile dieser Verfahren im Vergleich zu den konventionellen Herstellungsverfahren sind zum einen die vollautomatische Fertigung, zum anderen die Tatsache, daß die Kosten nur von der Größe des Bauteils, nicht jedoch von seiner Komplexität abhängig sind. (*Geuer 1996*)

Virtual Prototyping

Neben den physischen Modellen bilden die rechnerinternen Modelle die Produkteigenschaften immer besser ab. Konnte zuerst allein die Bauteilgeometrie am Bildschirm dreidimensional dargestellt werden, folgte mit der FEM-Simulation die statische und dynamische Belastung von Bauteilen. Mit dem Virtual Prototyping werden im nächsten Schritt die unterschiedlichen Aspekte wie die Kinematik eines Produktes abgebildet. Über entsprechende Hardware-Schnittstellen soll es dem Benutzer ermöglicht werden, das virtuelle Produkt nicht nur dreidimensional zu betrachten. So wird dem Anwender mittels sogenannter Force Feed Back-Schnittstellen auch ein gewisser haptischer Eindruck vermittelt. Hierbei wird Virtual Reality als Methode für die Präsentation, die Interaktion und die Simulation betrachtet. *(Gomes de Sá 1997, Linner 1997)*

Das Ergebnis der unterschiedlichen Abbildungs- bzw. Herstellverfahren sind Modelle mit unterschiedlichen Eigenschaften hinsichtlich der Einsatzmöglichkeiten in Unternehmen. In Abbildung 4-4 sind die drei Verfahren qualitativ gegenüber gestellt.

	konventioneller Modellbau	generative Fertigungsverfahren	Virtual Prototyping
Datenvoraussetzung	niedrig	hoch	hoch
Modellart	physisch	physisch	Rechnermodell
Genauigkeit	hoch	mittel	niedrig
Werkstoff	uneingeschränkt	eingeschränkt	eingeschränkt
Geometrieflexibilität	gering	hoch	hoch
Herstellzeit	lange	kurz	kurz/mittel*
Herstellkosten	hoch	niedrig	niedrig/hoch*

* abhängig vom Rechenaufwand

Abbildung 4-4: Qualitative Gegenüberstellung der drei Methoden zur Produktverifikation für komplexe Modelle

4.1 Schwachstellen beim Einsatz der Rapid Prototyping-Technologie in Unternehmen

In der Automobilindustrie ist der Einsatz von Rapid Prototyping sehr verbreitet. Das ist neben der langjährigen Erfahrung mit der Technologie vor allem in der konsequenten Nutzung neuer Technologien aufgrund des zunehmenden Marktdrucks in der Automobilbranche begründet. Eine Umfrage des Instituts für Werkzeugmaschinen und Betriebswissenschaften (iwb) der TU München bei 60 kleinen und mittleren Unternehmen (KMU) aus dem Bereich Design, Entwicklung und Konstruktion Anfang 1996 hat im Gegensatz hierzu ergeben, daß zwar 80% der befragten Unternehmen die Technologie Rapid Prototyping kannten, aber insgesamt nur 10% der befragten Unternehmen die Technologie Rapid Prototyping regelmäßig nutzen. Der Anteil hat auch in den letzten Jahren kaum zugenommen und liegt zur Zeit bei 11,5% (*Sendler 1998*). Aufgrund der fehlenden Erfahrung mit der Technologie Rapid Prototyping können gerade KMU nur sehr schwer oder gar nicht die Potentiale der Technologie Rapid Prototyping bewerten. Dies hat sich mehrmals in Beratungsprojekten des iwb gezeigt.

Bislang werden körperliche Modelle in den meisten Fällen erst im Rahmen des Versuchs am Ende der Produktentwicklung zur Überprüfung der Produkteigenschaften eingesetzt. Dies ist vor allem in dem hohen Aufwand für die konventionelle Modellherstellung begründet. Wird die Technologie Rapid Prototyping im Unternehmen eingesetzt, so werden die konventionellen Prototypenfertigungsverfahren nur durch Rapid Prototyping-Technologien ersetzt. Der Einsatzbereich der Modelle ändert sich jedoch nicht. Dies wird auch in einer Untersuchung der Firma FAKS deutlich, im Rahmen derer Unternehmen hinsichtlich des Einsatzbereichs von Prototypen bzw. körperlichen Modellen in den unterschiedlichen Entwicklungsphasen befragt wurden. Am häufigsten wurden Modelle im Rahmen des Versuchs eingesetzt, im Bereich der Konstruktion und des Entwurfs nur in 10-20% und in der Konzeptphase sogar nur 4% der befragten Unternehmen (*Ostermann 1997*).

Durch den Einsatz der Technologie Rapid Prototyping können aber anstelle einiger weniger Prototypen in einer sehr späten Phase der Produktentwicklung mehrere Modelle zu einem sehr viel früheren Zeitpunkt eingesetzt werden. Die Entscheidung, zu welchem Zeitpunkt welcher Prototyp oder welches Modell eingesetzt wird, wird zur Zeit noch sehr unstrukturiert und unsystematisch getroffen. Aufgrund einer fehlenden Vorgehensweise kann der Entscheidungsprozeß für oder gegen ein körperliches Modell hinsichtlich des zeitlichen Ablaufs länger dauern als die Durchführung der Prozeßkette Rapid Prototyping. Zur Zeit fehlt es Unternehmen noch an Entscheidungshilfen. (*Reinhart u.a. 1997A*)

Ist die Entscheidung für den Einsatz von Rapid Prototyping getroffen, muß sich der Anwender auf dem Markt Rapid Prototyping orientieren. Da dieser Markt durch ein hohes Wachstum sowohl hinsichtlich der Anzahl von Dienstleistungsunternehmen als auch hinsichtlich der Verfahrensvielfalt geprägt ist, ist der Aufwand, sich immer wieder neu zu orientieren, sehr hoch (vgl. *NCG 1997*). Zur Zeit arbeiten Unternehmen in der Regel mit einem festen Dienstleisterpool zusammen, der aus zwei bis drei Dienstleistern besteht. Dies kann zur Folge haben, daß nicht immer die optimale Prozeßkette zur Herstellung von Modellen eingesetzt wird, da die Dienstleister nicht alle Rapid Prototyping-Prozeßketten anbieten können.

Weiterhin werden bei der Auftragsabwicklung im Bereich Rapid Prototyping zur Zeit häufig Standardeinkaufsstrategien verfolgt. Mit diesen Abläufen ergeben sich allerdings einige Nachteile, die vor allem den Zeitvorteil von Rapid Prototyping gegenüber anderen Fertigungsverfahren stark reduzieren. So hat eine Untersuchung des iwb gezeigt, daß allein 40% der Auftragsabwicklungsdauer bei Rapid Prototyping für die Angebotsphase benötigt wird (*Macht 1997*).

Derzeit sind die einzelnen Schritte beim Einsatz von Rapid Prototyping nicht ausreichend koordiniert. Hierbei werden Informationen im Unternehmen oft an unterschiedlichen Stellen erzeugt; Vorgesetzte müssen erst von Vorteilen überzeugt werden, und häufig wird Rapid Prototyping nicht genutzt, obwohl die technologischen Voraussetzungen in Unternehmen vorhanden sind. Die Folge ist ein ineffizienter und ineffektiver Einsatz von Rapid Prototyping. Betrachtet man die Vorgehensweise von Unternehmen zur Integration von Rapid Prototyping-Technologien in den Produktentwicklungsprozeß, so lassen sich hieraus die wesentlichen Schwachstellen beim Einsatz von Rapid Prototyping ableiten (siehe Abbildung 4-5).

Schwachstellen des Einsatzes von Rapid Prototyping in Unternehmen

Ursache	**Folge**
Fehlende Entscheidungsgrundlagen für den Einsatz von Rapid Prototyping in der Produktentwicklung	Ineffizienter Einsatz von Rapid Prototyping
Körperliche Modelle bzw. Prototypen werden außer im Versuch selten eingesetzt	Ineffektiver Einsatz von Rapid Prototyping
In Unternehmen liegt kaum eine Wissensbasis hinsichtlich Rapid Prototyping vor	Einsatz der falschen Rapid Prototyping-Prozeßkette
Anwenderwissen kann nicht mit der dynamischen Entwicklung von Rapid Prototyping mithalten	Fehlender Einsatz der aktuellen Rapid Prototyping-Prozeßkette

Abbildung 4-5: Schwachstellen beim Einsatz von Rapid Prototyping

Beim Einsatz der Technologie Rapid Prototyping lassen sich vier grundsätzliche Schwachstellen darstellen: In den meisten Unternehmen gibt es keine Entscheidungsbasis hinsichtlich des Einsatzes der Technologie Rapid Prototyping. Weiterhin wird die Technologie Rapid Prototyping nur als günstiger und flexibler Ersatz für konventionelle Prototypenfertigungsverfahren verstanden. Ein Einsatz über den Versuch hinaus erfolgt oft nicht. Das Wissen über die Technologie Rapid Prototyping ist aufgrund der fehlenden Erfahrung sehr lückenhaft, wenn nicht sogar fehlerhaft. Weiterhin kann sich der Anwender aufgrund der sehr dynamischen Entwicklung im Bereich Rapid Prototyping nicht effizient auf dem Markt orientieren (*Macht & Fährer 1997A*).

4.3 Technologieunterstützung für den Einsatz von Rapid Prototyping

Um den Anwender beim Einsatz der Technologie zu unterstützen, gibt es mehrere Forschungsaktivitäten bezüglich der Technologieunterstützung, Bewertung und Auswahl von Rapid Prototyping-Prozeßketten. Im folgenden werden fünf unterschiedlichen Ansätze und Vorgehensweisen kurz vorgestellt und abschließend hinsichtlich der Praxisrelevanz für den Anwender bewertet. Grundsätzlich lassen sich zwei Zielsetzungen bei der Technologieunterstützung unterscheiden: Die Informationsbereitstellung und die Vorgehensweise zur Auswahl und Bewertung der Technologie Rapid Prototyping. In Abbildung 4-6 sind die unterschiedlichen Methoden bzw. Informationsquellen dargestellt.

4.3.1 Informationsdatenbasis „Rapid Prototyping“ im Internet

Eine umfassende, aber auch unstrukturierte Datenbasis im Bereich Rapid Prototyping, stellt das Internet dar. Die technologischen Voraussetzungen der I&K Technologien sind bei den Dienstleistern und Herstellern hinsichtlich der Anbindung an das Internet gegeben. Aus diesem Grund sind nahezu alle Informationen zum Thema Rapid Prototyping im Internet verfügbar. Zwei wesentliche Probleme stellen sich dem Anwender jedoch. Zum einen sind die Informationen nicht über einen zentralen Server zu erreichen. Webseiten mit den entsprechenden Verweisen auf andere RP-Seiten sind zwar vorhanden, aufgrund des Aufwands werden diese jedoch oft nicht hinreichend gepflegt. Zum anderen sind die Informationen z.B. hinsichtlich der Verfahren oder der Dienstleistungen nicht homogen. Eine Technologiebewertung durch den Anwender ist in der Regel nicht möglich.

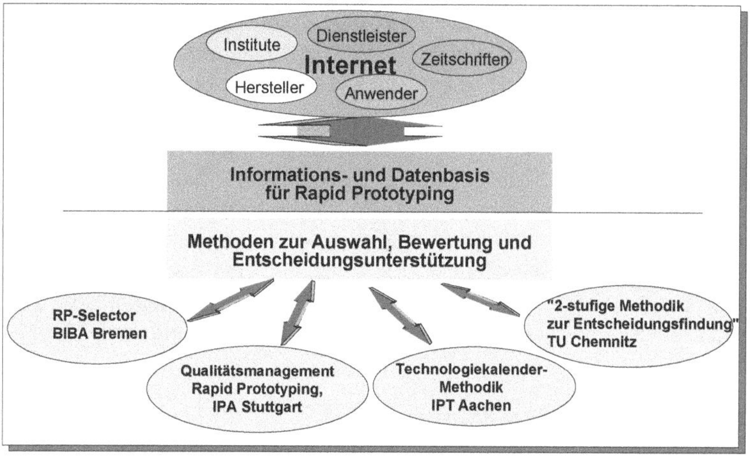

Abbildung 4-6: Technologieunterstützung im Bereich Rapid Prototyping

4.3.2 RP-System Selector

Am BIBA in Bremen wurde von 1993 -1995 mit mehreren Unternehmen im Rahmen des Brite EuRam Forschungsprojekts BE 5278 die Datenbank „RP-System Selector" entwickelt. Der „Rapid Prototyping-System Selector" hat das Ziel, den Rapid Prototyping-Anwender zum einen über die aktuellen generativen Fertigungsverfahren zu informieren und zum anderen ihn bei der Auswahl eines Verfahrens zu unterstützen. Das Programm besteht aus drei Modulen. Das erste Modul dient der Festlegung des herzustellenden Bauteils mit wenigen und einfachen Bauteilmerkmalen. Das zweite Modul ist die Informationsdatenbasis, die mit den Anlagen- und Materialdaten, den Folgetechnologien und einer Kostenrechnung hinterlegt ist. Im dritten Modul wird auf dieser Datenbasis und unter Berücksichtigung der Bauteilangaben mit einer Nutzwertanalyse das optimale generative Fertigungsverfahren ausgewählt. (*Müller 1996*)

4.3.3 Qualitätsmanagement im Rapid Prototyping

Ziel des Qualitätsmanagement-Systems für Rapid Prototyping Development des Frauenhofer-Instituts für Produktionstechnik und Automatisierung (IPA) ist die Planung und Auswahl der optimalen Prozeßkette. Ausgangspunkt ist die Ableitung der Modellanforderungen aus den Produktmerkmalen. Auf der Basis einzelner Prototypenmerkmale wird eine Fertigungs- und Prüfplanung für Rapid Prototyping durchgeführt. Bei der Auswahl der Rapid Prototyping-Prozeßketten wird der Anwender unter der Berücksichtigung von Zeit- und Kostenaspekten unterstützt. Hierzu wird eine modifizierte QFD-Methode herangezogen. Abschließend erfolgt eine Rangfolgebildung der geeigneten Rapid Prototyping-Prozeßketten (*Westkämper u.a. 1996*). Diese Methode ist sehr gut geeignet, die Qualität des hergestellten Modells zu dokumentieren bzw. Qualitätsmerkmale am Modell zu identifizieren und den Fertigungsprozeß zu optimieren. Besonders die Integration der Prüfplanung kann z.B. den Dienstleister bei einer qualitätsoptimierten Abwicklung unterstützen.

4.3.4 Technologiekalender

Ziel des Technologiekalenders „Rapid Prototyping" ist die Auswahl der optimalen Rapid Prototyping-Prozeßkette. Unter Berücksichtigung der branchen- und unternehmensspezifischen Anforderungen an Modelle und Prototypen in der Produktentwicklung stellt der Technologiekalender eine individuelle Lösung für Unternehmen dar. Die Methode des „Technologie Kalenders“ ist hierbei bereits bei anderen Fertigungsverfahren erprobt (*Schuh u.a. 1992, Hedrich 1995).* Der erste Schritt ist die Analyse des Produktspektrums und der Entwicklungsabläufe. Im Anschluß werden den unterschiedlichen Phasen der Produktentwicklung zugehörige Prototypenarten identifiziert und charakteristische Merkmale ermittelt. Anschließend erfolgt eine Technologiezuordnung. Dann erfolgt eine Vorauswahl der erfolgversprechenden Ansätze mit einem unternehmensspezifisch generierten Bewertungssystem. Abschließend werden die Planungsergebnisse nach den Kriterien Zeit und Teileklassen sortiert und die unterschiedlichen Technologien aufgelistet (*Eversheim u.a. 1996*). Der Technologiekalender stellt eine statische Lösung der Technologieunterstützung dar. Bei einer Änderung der Entwicklungsabläufe oder der Fertigungstechnologie muß der Technologiekalender von einem Experten erneut erstellt werden.

4.3.5 Zweistufige Vorgehensweise

Die zuvor erläuterten Vorgehensweisen beziehen sich vor allem auf die Technologie der generativen Fertigungsverfahren in Kombination mit den entsprechenden Folgetechnologien. Im Bereich des Rapid Tooling, der schnellen Herstellung von Werkzeugen u.a. mit der Technologie Rapid Prototyping, wird an der TU Chemnitz eine zweistufige Vorgehensweise verfolgt, die neben der Bewertung von Prozeßketten zur Herstellung von Werkzeugen auch eine Grobplanung ermöglichen soll. Wie bei den anderen Vorgehensweisen werden zuerst die Anforderungen an die zu fertigenden Bauteile aufgestellt. Dies erfolgt durch sogenannte „technologiebestimmende" Kriterien wie Werkstoff, Maßhaltigkeit u.a. Im Anschluß an diese auftragsneutrale „Technologie-Strategie-Auswahl" erfolgt eine „Prozeßkettenauswahl und -bewertung" vor allem nach den wirtschaftlichen Gesichtspunkten wie Zeit und Kosten (*Dürr & Kaschka 1997*). Bei dieser Vorgehensweise handelt es sich um eine auf die Anforderungen des Rapid Tooling angepaßte Verfahrensauswahl, die vor allem den Dienstleister unterstützt, der die technologiebestimmenden Kriterien als Pflichtenheft vom Anwender erhält und anschließend eine auftragsorientierte Technologieauswahl durchführen kann. Eine Anwendung der Methode auf Rapid Prototyping ist aufgrund der unterschiedlichen Zielsetzungen nur bedingt möglich.

4.3.6 Bewertung der unterschiedlichen Vorgehensweisen zu Unterstützung von Rapid Prototyping

Abschließend erfolgt eine Bewertung der einzelnen Forschungsansätze hinsichtlich der Anforderungen, die sich aus den zuvor analysierten Schwachstellen ergeben. Die Informationsdatenbasis „Rapid Prototyping" wird bei der Bewertung nicht berücksichtigt, da es sich hier um keine Methode handelt, sondern um eine reine Datenansammlung. In Abbildung 4-7 sind die unterschiedlichen Methoden zur Technologieunterstützung in einer Matrix aufgeführt und mit einer einfachen Punktebewertung der für die Technologie Rapid Prototyping ausschlaggebenden Kriterien bewertet. Hierzu zählt eine dynamische Informationsdatenbasis, die es dem Anwender erlaubt, sich auf dem dynamischen Markt Rapid Prototyping zu orientieren. Weiterhin muß gerade dem Erstanwender die Möglichkeit einer Potentialanalyse ermöglicht werden.

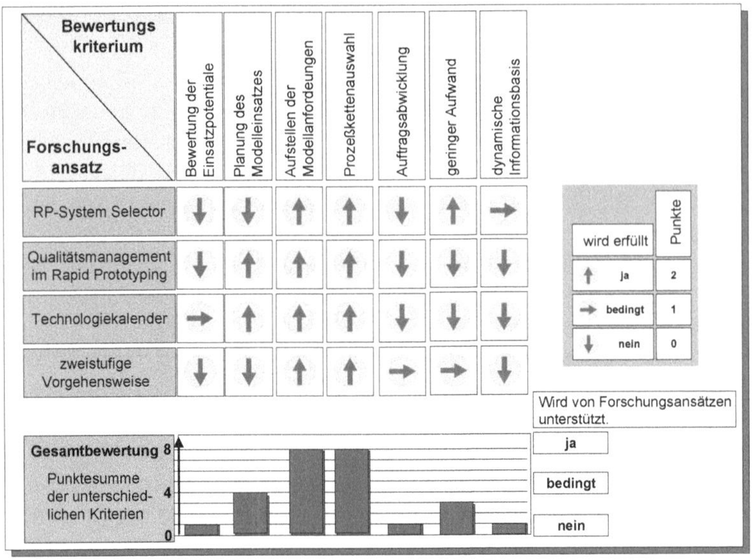

Abbildung 4-7: Bewertung der Forschungsansätze

Der Potentialanalyse schließen sich die Planung des Modelleinsatzes und das Aufstellen der Modellanforderungen an. Schließlich muß die Abwicklung mit dem Dienstleister unterstützt werden. In Abbildung 4-7 sind sowohl die Punktbewertungen der einzelnen Forschungsansätze aufgeführt als auch die Bewertung hinsichtlich der einzelnen Kriterien. Die Bewertung zeigt deutlich, daß sich zum einen nahezu alle Methoden mit dem Aufstellen von Modellanforderungen und der Auswahl von Rapid Prototyping Verfahren beschäftigen, jedoch nie eine durchgängige Vorgehensweise darstellen, die den Anwender von der ersten Technologiebewertung bis hin zur Auftragsabwicklung unterstützen.

5 Methode für einen effizienten Einsatz von Rapid Prototyping in der Produktentwicklung

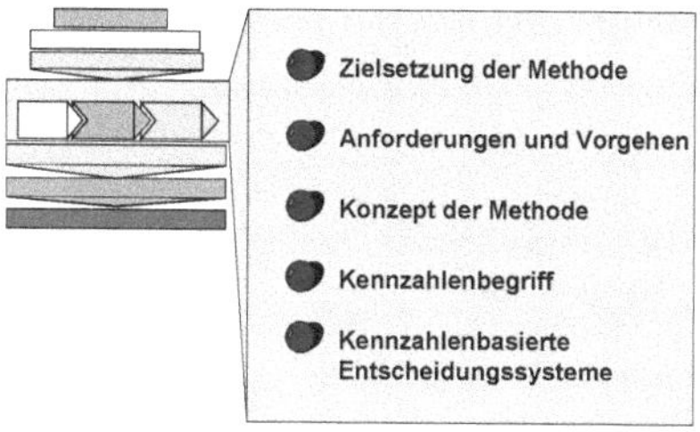

In diesem Kapitel wird die Methode für einen effizienten Einsatz der Technologie Rapid Prototyping in Unternehmen hergeleitet. Hierzu wird zunächst die Zielsetzung der Methode festgelegt, die Vorgehensweise zur Entwicklung der Methode dargestellt und schließlich das Konzept der Methode vorgestellt. Weiterhin wird in diesem Kapitel auf die Grundlagen von kennzahlenbasierten Entscheidungssystemen eingegangen.

5.1 Zielsetzung und Anforderungen an die Methode

In der Literatur wird eine Methode als eine „in der Art des Vorgehens festgelegte Arbeitsweise verstanden" *(Duden 1989)*. Grundsätzlich ist das Ziel einer Methode die Strukturierung von Prozessen, die weitestgehende Vereinfachung und eine Unterstützung durch geeignete Hilfsmittel. Allgemein wird sowohl für die Erarbeitung als auch für die Methode selbst ein stufenweises Vorgehen vorgeschlagen. Im Rahmen dieser Arbeit wurde die Vorgehensweise an die 6-Stufen-Methode nach REFA angelehnt (siehe Abbildung 5-1) (*REFA 1990*). Die Zielsetzung und das Aufstellen der Anforderungen erfolgt auf Basis der Problemstellungen, wie sie in Kapitel 4 beschrieben wurden. Hieraus wurde eine Vorgehensweise erarbeitet, die sich an grundsätzlichen Methoden zur Bewertung und Auswahl von Fertigungstechnologien orientiert. Anschließend werden einzelne wesentliche Teilsysteme ermittelt. Für die Teilsysteme werden dann konkrete Lösungen erarbeitet. An Beispielen aus der Industrie werden abschließend die Lösungsansätze überprüft und bewertet.

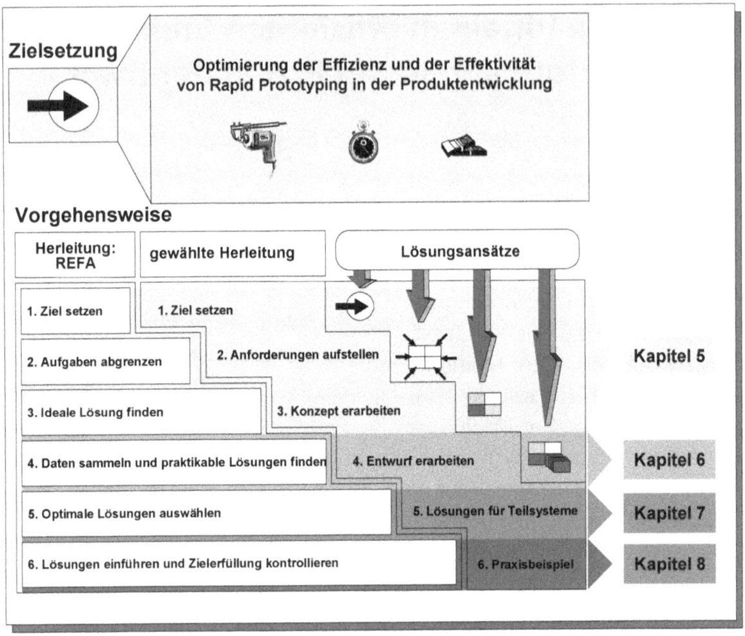

Abbildung 5-1: Zielsetzung und Herleitung der Methode

Wie bereits in Kapitel 2 beschrieben, muß es die grundsätzliche Zielsetzung der Methode sein, den Anwender bei der Integration der Technologie Rapid Prototyping in den Produktentwicklungsprozeß zu unterstützen. Die Methode muß gewährleisten, daß dem Anwender die für ihn wichtigen Informationen zur Verfügung gestellt werden. Diese Informationen bilden die Grundlage der Entscheidungen und ermöglichen dem Anwender eine effiziente Auftragsabwicklung. Mit der zu entwikkelnden Methode soll in Zukunft der Einsatz von Rapid Prototyping hinsichtlich Zeit, Kosten und Qualität optimiert werden. Diese Methode ist die Basis des „Leitfadens Rapid Prototyping".

Die Anforderungen an die Methode sind aufgrund der primären Zielsetzung durch den Anwender vorgegeben. Der Einsatz der zu erarbeitenden Methode soll Unternehmen in ihrer Wandlungsfähigkeit unterstützen. Hierzu ist es notwendig, daß eine Parallelisierung von Produktentwicklung und Technologieplanung gewährleistet wird. Wie bereits in Kapitel 1 erläutert, ist die Wandlungsfähigkeit von Unternehmen ein in immer stärkerem Maß relevanter Wettbewerbsfaktor. Hieraus resultiert, daß die Methode selbst wandlungsfähig sein muß. Konkret muß die Methode hinsichtlich der dynamischen Technologie Rapid Prototyping und in Bezug auf den Einsatz der Methoden unter unterschiedlichen Randbedingungen wandlungsfähig sein. Eine Methode zur Technologieplanung ist dann wandlungsfähig, wenn die Methode auf weitere Technologien, die ähnliche Zielsetzung verfolgen, übertragen werden kann. Ebenso ist eine Methode wandlungsfähig, wenn sie in bezug auf die Technologie selbst wandlungsfähig ist. Sie muß zum Beispiel auch anwendbar sein, wenn eine neue Rapid Prototyping-Prozeßkette verfügbar ist oder sich die Randbedingungen ändern.

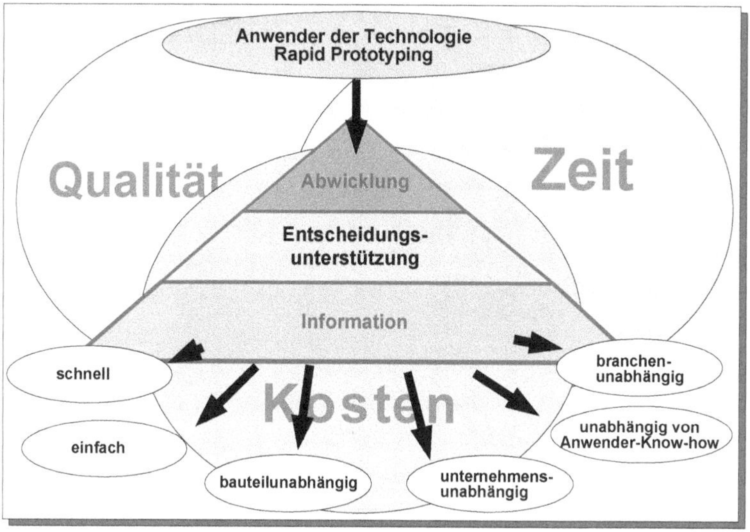

Abbildung 5-2: Anforderungen an die Methode

Um Unternehmen und damit die Anwender der Technologie Rapid Prototyping zu unterstützen, müssen die Aspekte Information, Entscheidungsunterstützung und Auftragsabwicklung im Unternehmensablauf berücksichtigt werden (siehe Abbildung 5-2). Hierzu muß die Methode gewährleisten, daß der Anwender systematisch beim Einsatz der Technologie Rapid Prototyping vorgeht. Um dies zu erreichen, müssen die Aspekte der Informationsbeschaffung, der

Entscheidungsunterstützung und der Abwicklung auf die unterschiedlichen Schwachstellen bzw. Problemstellungen abgestimmt sein. Weiterhin muß die Anwendung der Methode einfach, schnell und ohne Expertenwissen erfolgen können. Sie muß sowohl unternehmens-, branchen- als auch produktunabhängig sein. Mit Hilfe der Methode muß es dem Anwender ermöglicht werden, auf Basis weniger Kenngrößen die richtigen Entscheidungen beim Einsatz der Technologie Rapid Prototyping zu treffen. Unter Berücksichtigung der Anforderungen wird das Konzept und die Vorgehensweise des Leitfadens Rapid Prototyping erarbeitet. Der Schwerpunkt der Lösungsansätze liegt vor allem bei der Unterstützung des Anwenders und ist somit vor allem aus dessen Perspektive zu sehen.

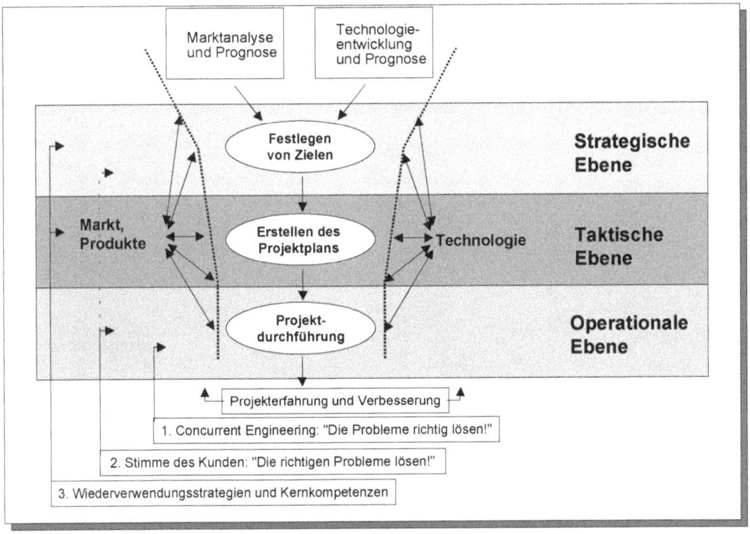

Abbildung 5-3: Ebenen eines Entwicklungsprozesses (Wheelwright & Clark 1994)

Da die Methode im Rahmen der Produktentwicklung eingesetzt wird, wird das Konzept ebenfalls an den Entwicklungsprozeß angelehnt. Steven C. Wheelwright unterscheidet im wesentlichen drei Ebenen der Produktentwicklung: Die strategische, die taktische und die operationale Ebene (siehe Abbildung 5-3). Auf der strategischen Ebene wird zunächst die Entwicklungsstrategie auf die Unternehmensziele abgestimmt. Auf der taktischen Ebene erfolgt anschließend eine detailliertere Planung. Hier steht u.a. die Termin- und Resourcenplanung im Vordergrund. Es wird entschieden, welches Projekt wann und unter Teilnahme welcher funktionalen Bereiche abgewickelt werden soll. In der operationalen Ebene findet abschließend die Projektabwicklung statt. (*Wheelwright & Clark 1994*)

5.2 Konzept des Leitfadens Rapid Prototyping

Die im Rahmen dieser Arbeit entwickelte Methode baut auf der grundsätzlichen Vorgehensweise von Wheelwright auf. Ausgangspunkt ist das Unternehmen. Zunächst müssen die Potentiale für ein Unternehmen aufgrund des Einsatzes von Rapid Prototyping geklärt werden. Dem schließt sich die Festlegung der Einsatzbereiche von körperlichen Modellen im Rahmen der Produktentwicklung an. Aus den Produktdaten und den Zielsetzungen für den Modelleinsatz lassen sich im nächsten Schritt die Anforderungen an die Modelle ableiten. Abschließend dienen diese Anforderungen der Bewertung und Auswahl einer Rapid Prototyping-Prozeßkette. Die einzelnen Schritte dieser Vorgehensweise lassen sich analog zu den Ebenen des Produktentwicklungsprozesses in drei Ebenen untergliedern, in denen für einen effizienten Einsatz der Technologie Rapid Prototyping die Bereiche Information, Entscheidungsunterstützung und Abwicklung in jeweils unterschiedlichen Ausprägungen vorkommen. Es handelt sich hierbei um die strategische, die taktische und die operative Ebene.

Strategische Ebene

Die strategische Ebene stellt die oberste Entscheidungshierarchie dar. Hier werden grundsätzliche und langfristige Entscheidungen hinsichtlich eines Technologieeinsatzes im Rahmen der Produktentwicklung getroffen. Sie orientieren sich vor allem an der strategischen Ausrichtung eines Unternehmens. Es gilt in dieser Ebene die Vorteile durch den Einsatz von Rapid Prototyping für das Unternehmen zu bewerten. Den Einsatzpotentialen stehen die Aufwendungen in Form von Kosten gegenüber (*Siegwart & Singer 1991*).

Taktische Ebene

Auf Basis der Entscheidungen in der strategischen Ebene werden die Produktionstrategien in der taktischen Ebene festgelegt *(Zäpfel 1989)*. Nach der Entscheidung für den Einsatz der Technologie muß diese in die Produktentwicklung integriert werden. Die Ermittlung der sinnvollen Einsatzbereiche und der Einsatzzeitpunkte von Modellen steht hier im Mittelpunkt. Eine systematische Planung ist vor allem aus Gründen der Effizienz der Abwicklung in der darauffolgenden operativen Ebene notwendig.

Operative Ebene

In der operativen Ebene wird schließlich der in der taktischen Ebene geplante Einsatz der Technologie Rapid Prototyping umgesetzt. Ausgangspunkt in der operativen Ebene ist der zuvor festgelegte Einsatzzeitpunkt und der Anwendungsfall in der Produktentwicklung. Hieraus lassen sich die Anforderungen an die Modelle ableiten, die als Grundlage für die Bewertung und Auswahl der einzelnen Rapid Prototyping-Prozeßketten dienen.

In allen drei Ebenen muß der Anwender hinsichtlich der Aspekte Information, Entscheidung und Abwicklung unterstützt werden (siehe Abbildung 5-4).

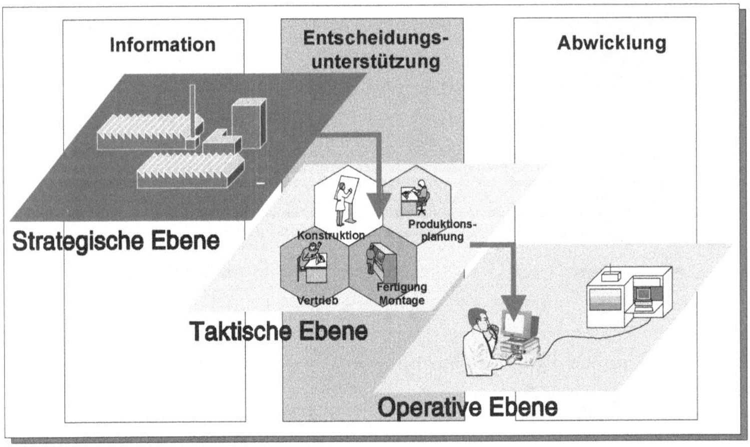

Abbildung 5-4: Konzeption der Methode für den „Leitfaden Rapid Prototyping“

Im allgemeinen bilden Informationen die Grundlage für Entscheidungen. Für eine Informationserfassung ist eine systematische Beschreibung und Destillierung des Informationsbedarfes die Grundlage *(Arnold & Bauer 1992)*. Gerade bei komplexen Technologien, die einem ständigen Wechsel unterliegen, ist es von besonderer Bedeutung, daß die richtigen Informationen zur richtigen Zeit zur Verfügung stehen.

Neue Technologien erfordern von Unternehmen die Entscheidung für oder gegen diese. Die Entscheidungsräume in Unternehmen sind hierbei stark von dem Aufgabenbereich und damit den Kompetenzen des Entscheidungsträgers abhängig. Diese Entscheidungsräume lassen sich wie folgt hierarchisch oder aufgabenspezifisch gliedern:

- Bei Konstrukteuren zum Beispiel handelt es sich in der Regel um Detailentscheidungen aufgrund ihres Wissens und ihrer Erfahrung.
- Entscheidungen von Projektleitern werden unter Berücksichtigung des Arbeitsauftrages vom technischen Gesamtkonzept, den Kosten und von Terminen geprägt.
- Das Marketing entscheidet in der Regel nach kundenspezifischen Anforderungen.
- Firmenstrategische und betriebswirtschaftliche Entscheidungen werden von der Geschäftsführung getroffen. (*Breiing & Knosala 1997)*

Kennzahlensystem Rapid Prototyping

Um den zuvor genannten Anforderungen gerecht zu werden, soll ein Kennzahlensystem zur Unterstützung von Unternehmen in den unterschiedlichen Ebenen entwickelt werden. Kennzahlen dienen der Reduzierung von Sachverhaltsbeschreibungen auf wenige, aussagefähige quantitative Größen. Dies führt zu einer Reduktion der Komplexität von Entscheidungssituationen (*Bomm 1991*). Das Kennzahlensystem hat die Aufgabe, in der strategischen, der taktischen und der operativen Ebene die einzelnen Informationen über Rapid Prototyping zu repräsentieren und den Anwender bei Entscheidungen in Bezug auf den Einsatz der Technologie und auf die Abwicklung der Rapid Prototyping-Prozeßkette zu unterstützen (vgl. *Bölzing 1990*). Das Kennzahlensystem stellt wie in Abbildung 5-5 dargestellt das Bindeglied zwischen den einzelnen Ebenen und den drei Aufgabenbereichen dar. Durch die Struktur des Kennzahlensystems soll vor allem auch die Wandlungsfähigkeit der

Methode unterstützt werden. Dies erfolgt u.a. durch die Vorgabe einer Kennzahlenstruktur, in die nachträglich weitere Kennzahlen integriert werden können, sofern es aufgrund z.B. geänderter Randbedingungen notwendig ist. Aufgrund einer systematischen und zielorientierten Beschreibung können Änderungen der Rapid Prototyping-Prozeßketten eingebracht werden.

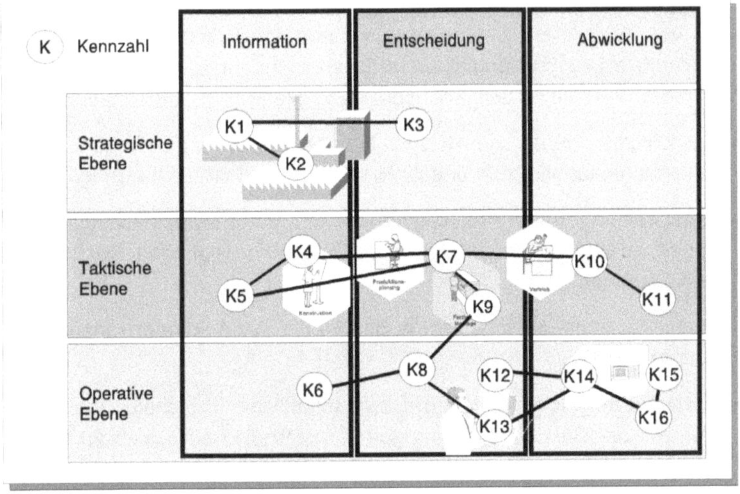

Abbildung 5-5: Exemplarisches Kennzahlensystem Rapid Prototyping

5.3 Kennzahlenbegriff

Da im Rahmen dieser Arbeit ein Kennzahlensystem „Rapid Prototyping" aufgebaut werden soll, wird in diesem Kapitel auf den Kennzahlenbegriff näher eingegangen. Kennzahlen wurden als erstes im Finanzbereich eingesetzt (*Bomm 1992*). Es erfolgte dann ein weiterführender Einsatz von Kennzahlen in betriebswirtschaftlichen Funktionen und schließlich auch in anderen betrieblichen Funktionsbereichen.

Als Kennzahl werden Verhältniszahlen und absolute Zahlen verstanden, die einen betrieblichen Zustand in konzentrierter Form darstellen (*Staehle 1973*). REFA definiert Kennzahlen als Verhältniszahlen mit sinnvoller Aussage über Unternehmungen, Betriebe oder Betriebsteile (*REFA 1978*). Durch den Einsatz von Kennzahlen kann durch die bewußte Verdichtung einer komplexen Realität ein systematisches Hilfsmittel zur Bewertung und Entscheidungsunterstützung aufgebaut werden. Kennzahlen dienen der Reduzierung von Sachverhaltsbeschreibungen auf wenige, aussagefähige quantitative Größen. Dies führt zu einer Reduktion der Komplexität von Entscheidungssituationen. Kennzahlen spielen sowohl bei der Unterstützung betrieblicher Regelkreise als auch bei der Planung betrieblicher Abläufe eine Rolle (*Maluche 1979*). Kennzahlen können jedoch nicht nur der Unternehmensführung als Hilfsmittel dienen, sondern insbesondere auch den Abteilungen, die zum Beispiel direkt die Modellherstellung steuern.

Die Bildung von sogenannten Kennzahlenklassen ermöglicht die Strukturierung von Kennzahlen zu Ordnungssystemen. In der Literatur kann man zwei grundsätzliche Unterscheidungen von Strukturierungsmerkmalen finden:

- Allgemeine, nicht aufgabenspezifische Merkmale und
- aufgabenspezifische Merkmale wie zum Beispiel die Qualitätskennzahlen von Oehler nach Geometrie, Funktion, Prozeß und Werkstoff (*Oehler 1993*).

In Abbildung 5-6 ist eine auszugsweise Darstellung der Systematisierungsmerkmale und der Klassifizierung von betriebswirtschaftlichen Kennzahlen nach Meyer (*Meyer 1976*). Diese Systematisierung kann als weitestgehend unabhängig von der jeweiligen Anwendung gesehen werden. Grundsätzlich können somit alle Unternehmensinformationen als Kennzahlen interpretiert werden, sofern sie in quantitativer Form vorliegen und einen konkreten Problembezug haben (*Kaiser 1997*). Somit können Kennzahlen auch bei der Entscheidungsunterstützung für den Einsatz der Technologie Rapid Prototyping herangezogen werden.

Bei Kennzahlen wird zwischen dem Kennzahlenwert und der Kennzahlenberechnungsvorschrift unterschieden. Der Kennzahlenwert ist hierbei der quantitative Zahlenwert. Die Kennzahlenberechnungsvorschrift wird als Vorschrift verstanden, die auf Basis von Unternehmensinformationen und –daten eine Kennzahl bzw. einen Kennzahlenwert erzeugt. Um Mehrdeutigkeiten der Interpretation auszuschließen und Zusammenhänge zwischen einzelnen Sachverhalten aufzuzeigen, empfiehlt es sich, einzelne Kennzahlen zu einem Kennzahlensystem zusammenzufassen.

Systematisierungsmerkmal	Arten betriebswirtschaftlicher Kennzahlen						
statistisch-methodische Gesichtspunkte	Absolute Zahlen				Verhältniszahlen		
	Einzelzahlen	Summen	Differenzen	Mittelwerte	Beziehungszahlen	Gliederungszahlen	Indexzahlen
zeitliche Struktur	Zeitpunktgrößen				Zeitraumgrößen		
quantitative Struktur	Gesamtgrößen				Teilgrößen		
Erkenntniswert	Kennzahlen mit selbständigem Erkenntniswert				Kennzahlen mit unselbständigem Erkenntniswert		
Gebiet der Aussage	gesamtbetriebliche Kennzahlen				teilbetriebliche Kennzahlen		
Planungsgesichtspunkte	Soll- Kennzahlen (zukunftsorientiert)				Ist- Kennzahlen (vergangenheitsorientiert)		
Zahl der beteiligten Unternehmen	einzelbetriebliche Kennzahlen		Konzernkennzahlen		Branchenkennzahlen (Richtkennzahlen)		gesamtbetriebliche Kennzahlen
Umfang der Ermittlung	Standardkennzahlen				betriebliche Kennzahlen		

Abbildung 5-6: Systematisierungsmerkmale und Klassifizierung von Kennzahlen (Meyer 1976)

„Ein Kennzahlensystem ist die Zusammenstellung quantitativer Größen, die in einer systematischen oder empirischen Sinnbeziehung zueinander stehen.“ (Groll 1991)

Man kann drei unterschiedliche Kennzahlensysteme nennen:

- Ordnungssysteme:
  Ordnungssysteme sind hierarchisch aufgebaute Kennzahlensysteme. Die einzelnen Kennzahlen stehen nur in einem sachlogischen Zusammenhang. Eine rechnerische Verknüpfung existiert nicht. (*Bomm 1992)*

- Rechensystem:
  Hier stehen die einzelnen Kennzahlen sowohl in sachlogischem als auch in mathematischem Zusammenhang. Die Verknüpfung der einzelnen Kennzahlen erfolgt über Verknüpfungsfunktionen, was die Quantifizierbarkeit der einzelnen Kennzahlen voraussetzt. Hierfür ist ebenfalls eine hierarchische Systemstruktur notwendig. Rechensysteme können zusätzlich in definitorische und empirisch-kausale Systeme unterschieden werden. Bei definitorischen Systemen werden die Verknüpfungen der Kennzahlen im Entwurf des Kennzahlensystems vom Systemdesigner festgelegt. Bei empirisch-

kausalen Systemen bilden die statistischen Analysen die Grundlage hierfür. (*Groth 1992)*

- Heuristische Kennzahlensysteme:
  Bei heuristischen Kennzahlensystemen erfolgt eine Zusammenfassung der Kennzahlen nach subjektivem Empfinden und Erfahrungen. Nach sachlogischen Gesichtspunkten können die einzelnen zusammengefaßten Kennzahlen wesensfremd sein, sie müssen allerdings subjektiv nachvollziehbar die zu betrachtenden Sachverhalte beschreiben.

Liegen keine quantitativen, sondern qualitative Größen vor, so müssen diese in quantitative Kennzahlen umgesetzt werden. Die Tatsache, daß mit Kennzahlen und Kennzahlensystemen lediglich zahlenmäßig erfaßbare Daten abgebildet werden können und somit alle nichtquantifizierbaren Tatbestände und informelle Aspekte vernachlässigt werden müssen, macht die Grenzen eines Kennzahlensystems als Instrument der Unternehmensführung deutlich (*Staehle 1973, S. 228*). Abhilfe bietet jedoch die Bewertungsmethodik nach Knosala: Linguistische, nicht quantifizierbare Kriterien können in Form von scharfen Zahlen dargestellt werden; diesen können Maßzahlen zugeordnet werden. Die so objektivierten Maßzahlen können wie quantitative Kriterien weiter behandelt werden (*Knosala 1991).*

5.4 Bewertungsmethoden als Basis einer Entscheidung

Einer Entscheidung liegt eine Bewertung der unterschiedlichen Alternativen zugrunde. Der Vorgang der Bewertung läßt sich hierbei in die Auswahl des Bewertungsverfahrens, das Aufstellen der Anforderungen und der Bewertungskriterien und in die Durchführung der Bewertung untergliedern. Bei der Bewertung von technischen Systemen gibt es in der Literatur eine Vielzahl unterschiedlicher Vorgehensweisen. In Tabelle 5-1 sind die bekanntesten Verfahren im Überblick dargestellt. Bei jeder Bewertung ist im ersten Schritt zu klären, welches Bewertungsverfahren das geeignete ist. Wesentliche Kriterien, die bei der Auswahl zu berücksichtigen sind, sind neben dem Verhältnis des Bewertungsaufwandes zur Komplexität der Entscheidung die mit der Entscheidung verfolgte Zielsetzung. (*Breiing & Knosala1997*)

Grundsätzlich lassen sich ein- und mehrdimensionale Bewertungsverfahren unterscheiden. Eindimensionale Bewertungsverfahren werden oft zur Bewertung rein monetärer Aspekte wie Kosten oder Leistungen und Aufwände oder Erträge eingesetzt. Bei mehrdimensionalen Bewertungsverfahren kommen zu den rein wirtschaftlichen Aspekten Kriterien wie Flexibilität, Zeit und Qualität hinzu. Hierzu zählen u.a. die Nutzwertanalyse, das Modell von Horvath und Mayer (*Horvath & Mayer 1988*) und das Modell von Siegwart und Singer (*Siegwart & Singer 1991*).

Benennung	***Autor***	**Kurzbeschreibung der Wesensmerkmale**
Argumentenbilanz	-	Einfache Gegenüberstellung von Vor- und Nachteilen
Technisch-wirtschaftliche Bewertung	*F. Kesselring*	Getrennte, ungewichtete oder gewichtete Bewertung nach technischer und wirtschaftlicher Wertigkeit, Ergebnisse als Stärke in Diagrammform
Nutzwertanalyse	*C. Zangemeister*	Gewichtete Gegenüberstellung von Zielerfüllungsgraden
Rangfolgeverfahren	*R. Welzel* *J. Müller* *R. Gutsch*	Ermittlung der Wertigkeit durch aufgrund von Pauschalurteilen gefundenen Wichtigkeiten der aufgestellten Bewertungskriterien
Bewertung mit Präferenzmatrix	*Siemens AG*	Vergleichende Gegenüberstellung der Lösungsalternativen entsprechend ihrer Präferenzen hinsichtlich der aufgestellten Bewertungskriterien
Vorrangmethode	*T. L. Saaty*	Ermittlung von Präferenzen je Kriterium durch paarweisen Vergleich der Varianten
Anforderungsorientierte gewichtete Bewertung	*A. Breiing*	Vergleichende gewichtete Bewertung auf der Basis impliziter und expliziter Anforderungen mit absolut konsistenten Bewertungsgrößen
Objektivierte gewichtete Bewertung	*R. Knosala*	Bewertung unter Berücksichtigung scharfer, unscharfer und probabilistischer, frei abgeschätzter, also meist inkonsistenter Bewertungsgrößen
Kosten-Wirksamkeits-Analyse	*R. Haberfellner u.a.*	Bewertung unter vorrangig wirtschaftlichen Gesichtspunkten
Kosten-Nutzen-Analyse	*R. Haberfellner u.a.*	Bewertung zur Beurteilung gesamtwirtschaftlicher Auswirkungen von einzelwirtschaftlichen Vorhaben
Bewertung durch Bedeutungsprofile	*H. Seeger*	Bewertung auf der Basis geschätzter Erkenntnisinhalte

Tabelle 5-1: Eingesetzte Bewertungsverfahren

Die Bewertungsverfahren lassen sich hierbei in drei Gruppen zusammenfassen. Einige Verfahren behandeln im wesentlichen nur die Ermittlung der Maßzahlen je Bewertungskriterium und Bewertungsalternative. Andere wiederum legen den Schwerpunkt auf die Festlegung der Wichtigkeit der einzelnen Kriterien. Da bei den vorliegenden Entscheidungsprozessen nur bedingt auf quantitative Größen oder exakte Größen zurückgegriffen werden kann, können die meisten Bewertungsverfahren kaum oder nur bedingt eingesetzt werden. Aus diesem Grund werden im Rahmen dieser Arbeit zwei grundsätzliche Bewertungsverfahren angewendet, die diesen Randbedingungen gerecht werden. Dies ist zum einen die objektivierte gewichtete Bewertung mit unscharfen Zahlen und Mengen nach Knosala (*Knosala 1991*). Weiterhin wird die Präferenzmatrixmethode zur Ermittlung der Rangfolge bzw. Gewichtung von Bewertungskriterien eingesetzt. Im folgenden Kapitel wird auf die Vorgehensweise des Bewertungsverfahrens bei einer kennzahlenbasierten Entscheidung eingegangen.

5.5 Vorgehensweise beim Entwurf der Methode zur Entscheidungsunterstützung

In dem folgenden Abschnitt wird auf die grundsätzliche Vorgehensweise beim Entwurf der Methode zur Entscheidungsunterstützung von Unternehmen bei der Integration der Technologie Rapid Prototyping in den Produktentwicklungsprozeß eingegangen. Es werden die Aspekte des Informationsbedarfs, der Entscheidungsunterstützung und der Begriff des Kennzahlenmodells näher betrachtet.

Ein Entscheidungsprozeß ist grundsätzlich einfach darzustellen. Ausgehend von einer Zielvorstellung müssen die für eine Entscheidung notwendigen Anforderungsmerkmale beziehungsweise sogenannte Entscheidungskriterien aufgestellt werden (*Bölzing 1990*). Die jeweiligen Ausprägungen der unterschiedlichen Entscheidungskriterien müssen dann hinsichtlich der Zielerfüllung bewertet werden. Diese Bewertung dient im folgenden als Grundlage der Entscheidung. Zwei Entscheidungsprozesse sind hierbei zu unterscheiden. Erstens die Auswahl aus mehreren Alternativen und zweitens die Entscheidung für oder gegen eine Alternative. Für die Kopplung des Zielsystems, des Anforderungssystems und des Bewertungsprozesses kann ein Kennzahlensystem dienen (*Bomm 1992*). Ein Kennzahlensystem bildet eine logische Struktur einzelner Kennzahlen. Durch die Bildung einer Struktur können einzelne Kennzahlen jederzeit ergänzt bzw. deren Ausprägungen angepaßt werden.

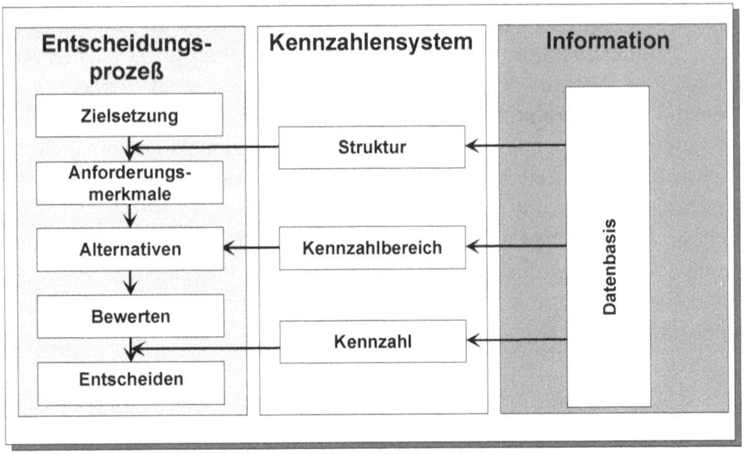

Abbildung 5-7: Vorgehensweise bei kennzahlenbasierten Entscheidungsprozessen

Die Vorgehensweise zur Ermittlung des Kennzahlensystems für Rapid Prototyping ist in Abbildung 5-7 dargestellt. Ausgangspunkt ist die Festlegung eines Zielsystems, in diesem Fall ist das die Zielsetzung, die in der jeweiligen Ebene angestrebt wird. Die Zielsetzung wird mit den entsprechenden Anforderungsmerkmalen mit Hilfe der Struktur des Kennzahlensystems gekoppelt. Die Struktur wird abhängig von der Zielsetzung auf Basis der Informationsdatenbasis der Technologie Rapid Prototyping gebildet. Die möglichen Alternativen werden durch den Kennzahlenbereich abgebildet. Dies können z.B. die unterschiedlichen Rapid Prototyping-Prozeßketten sein. Die abschließende Bewertung und Entscheidung erfolgen schließlich durch die Ermittlung der einzelnen Kennzahlen.

Bei der Integration von neuen Technologien in ein Unternehmen stellt der Aspekt Information einen wesentlichen Bestandteil dar. Dies liegt zum einen daran, daß kaum Erfahrungen mit der neuen Technologie vorhanden sind, was ein Defizit an Informationen bedeutet. Zum anderen besteht kein Know-how über die notwendigen Informationen zur Einführung der neuen Technologie. Es fehlen also sowohl die Informationsstruktur als auch die Informationsinhalte. Diese gilt es in dem Leitfaden „Rapid Prototyping“ zu integrieren. Zum einen erfolgt dies durch die Bildung einer Kennzahlenstruktur, aber auch durch die konkrete Bereitstellung der Information zur Technologie Rapid Prototyping.

Im Rahmen des Entwurfs werden hierbei die Informationsstruktur und der Informationsumfang für die unterschiedlichen Ebenen festgelegt. Die Informationserfassung findet anschließend in der Ausarbeitung dieses Entwurfs im Kapitel 7, dem Leitfaden Rapid Prototyping statt. Der Informationsumfang läßt sich in notwendige, erforderliche und interessante Informationen gliedern *(Arnold & Bauer 1992)*. Für eine Entscheidung sind alle Informationen als notwendig zu bezeichnen, ohne die die Entscheidung nicht durchführbar ist. Erforderliche Informationen hingegen verbessern den Entscheidungsprozeß bzw. optimieren die Entscheidungsqualität, sind jedoch nicht unbedingt notwendig. Interessante Informationen beeinflussen einen Entscheidungsprozeß nur indirekt. Sie dienen dem Entscheidungsträger nur zum Aufzeigen möglicher künftiger Szenarien, die zum Beispiel durch den Einsatz einer neuen Technologie ermöglicht werden. Um diese Informationen begleitend zu ermöglichen, wird z.B. im Rahmen der Bewertung der Rapid Prototyping-Prozeßketten eine Risikobewertung mit der Fehlertechnologie durchgeführt.

In Abbildung 5-8 sind diese einzelnen Schritte in der Strukturanalyse, der Operationalisierung, der Gewichtung und der Wertzuordnung der einzelnen Kriterien zusammengefaßt und den entsprechenden Kapiteln zugeordnet.

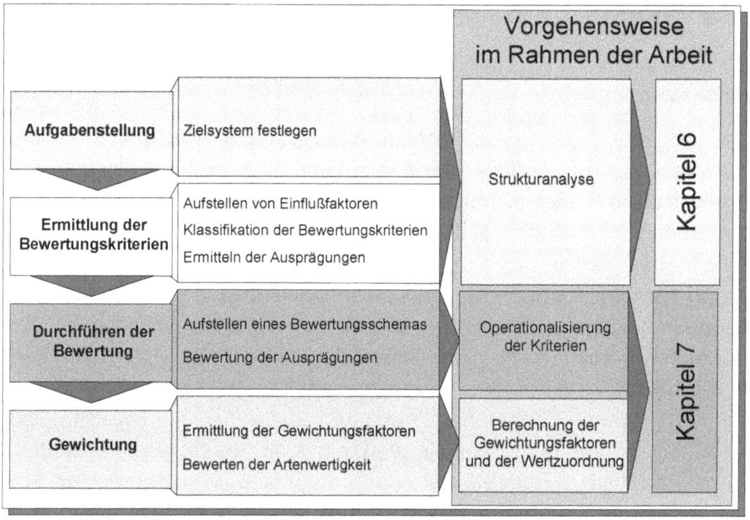

Abbildung 5-8: Zuordnung der Bewertungsschritte zu den folgenden Kapiteln

Im weiteren werden die im Rahmen der Arbeit verwendeten Begriffe hinsichtlich des Kennzahlensystems definiert und erläutert. Anschließend werden die einzelnen Schritte für den Entwurf und die Ausarbeitung des Kennzahlensystems dargestellt, die in den Kapiteln 6 und 7 umgesetzt werden.

5.5.1 Begriffsdefinitionen

Nachdem in Kapitel 5.3 der Kennzahlenbegriff im allgemeinen behandelt wurde, wird im folgenden auf die einzelnen Begriffe eingegangen, die im Zusammenhang der Kennzahlenbildung und -berechnung im Rahmen dieser Arbeit verwendet werden.

Kriterientypen

Unter einem Kriterientyp (bzw. Anforderungstyp) werden Festforderungen und Mindestforderungen (tolerierte Anforderungen) verstanden. Zu den Festforderungen gehören alle Anforderungen, deren Nichterfüllung zum Ausschluß der betroffenen Lösungsvariante führt. Mindestforderungen bzw. tolerierte Anforderungen führen aufgrund ihrer mehr oder weniger guten Erfüllung zu einer rangmäßigen Beurteilung der Lösungsvariante. Tolerierte Anforderungen liegen innerhalb eines Toleranzbereiches, innerhalb dessen die jeweilige Anforderung zu erfüllen ist.

Kriterienarten

Alle Anforderungen lassen sich unabhängig vom Kriterientyp in zwei Anforderungsarten einteilen. Auf der einen Seite stehen die qualitativ erfaßbaren, d.h. vergleichbare und als linguistisch zu bezeichnende Anforderungen. Qualitative Kriterien erlauben aufgrund ihrer nur verbalen Beschreibung keine objektive Bewertung. Diese sollten soweit wie möglich in quantitativ erfaßbare Kriterien umgewandelt werden, um bei der Bewertung subjektive Einflüsse soweit wie möglich auszuschalten. Auf der anderen Seite stehen quantitative, d.h. zähl-, meß-, wäg-, berechen- und schätzbare und damit als deterministisch zu bezeichnende Anforderungen. Diese Kriterienart erlaubt durch die Bildung von Verhältnisgrößen eine schnelle und einfache Beurteilung alternativer Rapid Prototyping-Prozeßketten.

Kenngrößen

Unter Kenngrößen sollen in dieser Arbeit Größen verstanden werden, die eine Kennzahl direkt beeinflussen, d.h. Größen, die zur Beschreibung einer Kennzahl in der nachfolgenden Hierarchieebene liegen. Das „kleinste Geometrieelement" z.B. stellt bei der Geometriekennzahl eine Kenngröße dar.

Maßzahlen

Um die Erfüllung einer Variante quantitativ sichtbar zu machen und um ihre Rangfolge bezüglich ihres Erfüllungsgrades ermitteln zu können, werden den Ausprägungen eines Kriteriums Punkte zugeordnet. Diese Punkte werden Maßzahlen genannt.

Bewertungsgrößen

Bewertungsgrößen können Maßzahlen oder Gewichtungsfaktoren gleichgesetzt werden. Die Ermittlung einer Bewertungsgröße soll das Problem klären, um wieviel ein Kriterium x einem Kriterium y vorgezogen werden soll. Für ihre Berechnung bieten sich zwei Wege an:

1. Paarweise normierte Bewertungsgrößen und
2. Verhältnismäßige Bewertungsgrößen.

Verhältnismäßige Bewertungsgrößen erlauben eine verbesserte Differenzierung zwischen den zu bewertenden Lösungsvarianten hinsichtlich eines Kriteriums; die ermittelten Gewichtungsfaktoren führen zu einer wertmäßig stärkeren Unterscheidung der Lösungsvorschläge bei der Ermittlung der Gesamtpunktzahl. Für eine eindeutige RP-Prozeßkettenauswahl ist demnach diese Vorgehensweise zu bevorzugen (vgl. *Breiing & Knosala 1997*).

Wertfunktionen

Wertfunktionen sollen eine gefühlsmäßige und damit subjektive Vergabe von Maßzahlen durch den Anwender verhindern, d.h. eine verfälschte Einstufung bzw. Beurteilung des IST-Zustandes gegenüber dem geforderten SOLL- Zustand. Zudem haben sie den Vorteil, daß die Zuordnung von „Kriterienwert" zu Maßzahl anschaulich dargestellt wird (vgl. Abbildung 5-10). Wertfunktionen sind dadurch charakterisiert, daß auf der Ordinate eines kartesischen Koordinatensystems die Maßzahlen und auf der Abszisse, die von den Varianten erreichten Werte bzw. bei linguistischen Kriterien die beschriebenen Eigenschaften aufgetragen werden. Die Anwendung von Wertfunktionen für die Bestimmung von Maßzahlen linguistischer Kriterien ist nur dann sinnvoll, wenn statische oder durch Erfahrung erhärtete Wertvorstellungen mit nichtproportionaler Verteilung bekannt sind. Ansonsten erfolgt die Zuordnung von linguistischen Kriterien zu Maßzahlen mit Hilfe sogenannter Entscheidungsmatrizen (*Breiing & Knosala 1997, S. 129ff*).

Gewichtung

Die an ein Modell gestellten Anforderungen sind nicht immer die gleichen. Bei einem Modell werden z.B. an die Festigkeit größere Anforderungen gestellt als an die Geometrie. Diesem Umstand muß dadurch Rechnung getragen werden, daß man den Kriterien unterschiedliche Gewichtungen zuordnet.

Wertungszahlen

Die Wertungszahl ergibt sich aus der Multiplikation einer Maßzahl mit einem Gewichtungsfaktor (Wertungszahlen = Maßzahl × Gewichtungsfaktor). Im Kennzahlensystem bildet die Wertungszahl gleichzeitig die Maßzahl der nächst höheren Ebene.

Normierung der Wertigkeiten

Maßzahlen sollen in der vorliegenden Arbeit einen Wertebereich von 0 bis 1 aufweisen. Damit werden bei der Berechnung der Lösungsvarianten alle Maßzahlzuordnungen auf eine gleiche Basis gestellt. Dieser Schritt ist notwendig, um Übergewichtungen eines Kriteriums zu verhindern. Aufgrund der Normierung können zusätzliche Kriterien einfach in einer Kennzahlenebene integriert werden.

5.5.2 Strukturanalyse

Ziel der Strukturanalyse ist es, in den einzelnen Ebenen der Methode die Kenngrößen bzw. Kennzahlen zu ermitteln. Diese Kenngrößen stellen Oberbegriffe dar. Erst durch diesen Schritt der verfahrensneutralen Beschreibung ist es möglich, ein Rapid Prototyping-Kennzahlensystem aufzubauen. Aufgabe ist es deshalb, die Einflußfaktoren in den einzelnen Ebenen zu analysieren und zu beschreiben. Sachverhalte einer Eigenschaftsklasse lassen sich dann unter einem kennzeichnenden Merkmal zusammenfassen (*Ehrlenspiel 1994*). Die Methode zur funktionellen Systembeschreibung unterstützt die Analyse von Systemen bei komplexeren funktionellen Zusammenhängen und ermöglicht eine Systematisierung und Klassifikation von Systemen. Die funktionelle Beschreibung ist sozusagen ein Beschreibungsmittel, welches die Funktion, d.h. den Zweck des Systems, erfaßt. Das „*Denken in Funktionen*" verhilft darüber hinaus zum Überblick über das Ganze, durchbricht die Ideenfixierung und ermöglicht das Umschiffen von Denkblokaden auf abstrakter Ebene (*Ehrlenspiel 1994*). Auch in einem Kennzahlensystem steigt der Abstraktionsgrad, je höher man sich in der „Baumstruktur" des Kennzahlensystems befindet.

Die Kennzahlenstruktur wird zunächst mittels einer Einflußgrößenanalyse mit sogenannten Ishikawa-Diagrammen erarbeitet (vgl. *Pfeifer 1993, S. 243*). Ein solches Diagramm ist exemplarisch in Abbildung 5-9 dargestellt. Für die einzelnen Einflußfaktoren werden im nächsten Schritt die jeweiligen Ausprägungen ermittelt. Aus diesen Einflußfaktoren werden die einzelnen Bewertungskriterien abgeleitet. Die Bewertung der einzelnen Kriterien ist vor allem von der Art des einzelnen Kriteriums abhängig.

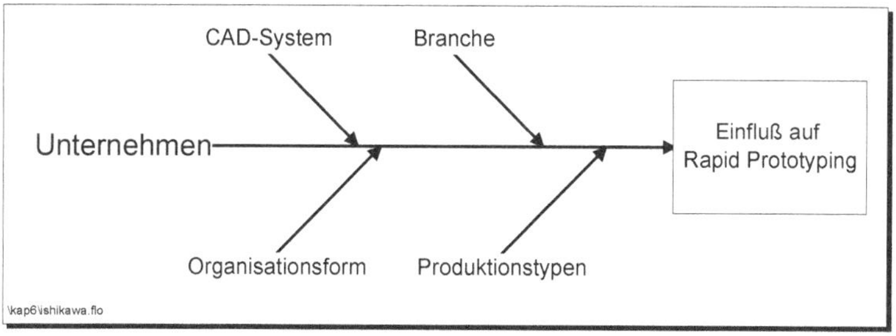

Abbildung 5-9: Ishikawa-Diagramm zur Ermittlung von Einflußgrößen

5.5.3 Operationalisierung der Kriterien

Innerhalb der Operationalisierung müssen die bei der Strukturanalyse ermittelten Kriterien geordnet und bereinigt werden. Beim Bereinigen der Kriterien sei angemerkt, daß zwar theoretisch ein Kriterium zur Bewertung nur einmal herangezogen werden kann, sich in der Praxis jedoch herausstellen kann, daß ein einzelnes Kriterium bezüglich mehrerer Kennzahlen Aussagekraft besitzt. Für das Kennzahlensystem würde dies bedeuten, daß die Zuordnung zwischen Kriterien und Kennzahlen nicht eindeutig ist. Die geordneten Kriterien sollen anschließend zu einer Kriterienhierarchie verdichtet werden, was in einem Kennzahlensystem der obersten Ebene entspricht. Ist einmal eine Kriterienhierarchie aufgestellt worden, geht man daran, die verschiedenen Kriterien zu gewichten. Mittels Wertfunktionen können dann diesen Kriterien Maßzahlen zugeordnet werden.

5.5.4 Wertzuordnung

Für die Wertzuordnung werden Wertfunktionen verwendet, durch die eine objektive Bewertung ermöglicht wird. Wertfunktionen kommen bei der Bestimmung von Maßzahlen immer dann zur Anwendung, wenn deterministischen Kriterien scharfe Zahlen zugeordnet werden. Bei der Auswahl von Rapid Prototyping-Prozeßketten werden verschiedene Wertfunktionen verwendet. Da diese Funktionen im späteren Bewertungsablauf in Abhängigkeit vom Kriterientyp und der Kriterienart mehrmals eingesetzt werden, werden sie in diesem Kapitel kurz vorgestellt. Auch die Festlegung des Wertebereichs, der den Kriterien zugeordnet wird, muß definiert werden. Dies ist jedoch von Anwendungsfall zu Anwendungsfall unterschiedlich und wird deswegen für jede Eigenschaftsklasse (Kriteriengruppe) bei der Ermittlung der RP- Kennzahlen eigenständig durchgeführt. In Abbildung 5-10 sind drei Wertfunktionen dargestellt. In der linken Wertfunktion liegt ein Idealwert vor. Bei Unter- oder Überschreiten des Wertes nimmt die Maßzahl linear ab. Bei den beiden rechten Wertfunktionen gibt es entweder einen Minimumwert bzw. einen Maximumwert. Wird z.B. der Minimumwert unterschritten so nimmt die Maßzahl linear ab. Wird er überschritten, so besitzt die Maßzahl den Wert „1“.

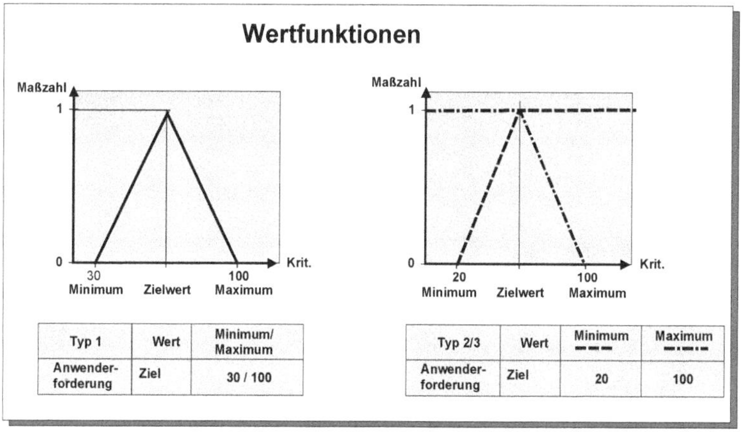

Abbildung 5-10: Zielwert mit Toleranzfeld und Ausschußbereich

Handelt es sich um linguistische Kriterien, so werden den Maßzahlen Notenbegriffe in Form von sogenannten linguistischen Variablen zugeordnet, wie in Tabelle 5-2 dargestellt.

Notenbegriff	***Maßzahl***
Sehr gut	1
Gut	0,75
Mäßig gut	0,5
Ausreichend	0,25
Völlig unbefriedigend	0

Tabelle 5-2: Maßzahlen für linguistische Kriterien

Die vergleichende Bewertung einzelner Ausprägungen erfolgt im Rahmen der vorliegenden Arbeit mittels einer linearen Maßfunktion auf Basis einer Rangfolgeermittlung. Ausgangspunkt ist das Aufstellen der einzelnen Ausprägungen eines Merkmals. Für diese Ausprägungen werden zunächst mit Hilfe des Präferenzmatrixverfahrens eine Rangfolge hinsichtlich des Bewertungskriterium gebildet. Aus dieser Rangfolge wird dann eine lineare Wertfunktion abgeleitet und den unterschiedlichen Ausprägungen eine Maßzahl zugeordnet. Am Beispiel der Ausprägungen der CAD-Daten bzw. Produktdaten wird diese Vorgehensweise exemplarisch erläutert.

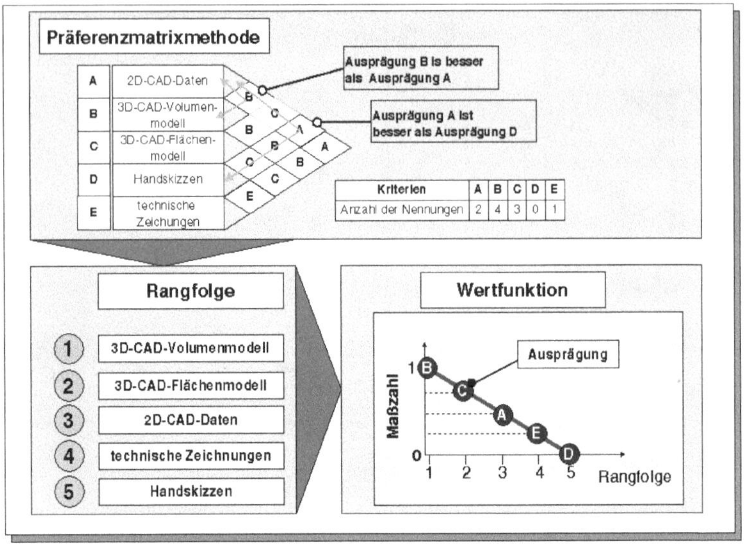

Abbildung 5-11: Ermittlung der Wertfunktion für die CAD-Ausprägungen

Ziel ist die Ermittlung der Maßzahlen für die unterschiedlichen Ausprägungen von Produktdatenbeschreibungen hinsichtlich der Bewertung der Technologiepotentiale von Rapid Prototyping. Als Ausprägungen werden das 3D-CAD-Volumenmodell, das 3D-CAD-Flächenmodell, das 2D-CAD-Modell, technische Zeichnungen und Handskizzen für den Einsatz von Rapid Prototyping bewertet (siehe Abbildung 5-11). Mit Hilfe der Präferenzmatrixmethode wird eine Rangfolge durch paarweisen Vergleich der Ausprägung ermittelt. Diese Rangfolge wird anschließend der linearen Maßfunktion zugeordnet. So kann jeder Ausprägung eine Maßzahl zugeordnet werden.

5.5.5 Berechnung der Gewichtungsfaktoren

Die Berechnung der Gewichtungsfaktoren erfolgt über das Präferenzmatrix-Verfahren (*Siemens AG 1974*). Hierbei erfolgt eine Bildung der Rangfolge der einzelnen Kriterien. Die Anzahl der Nennungen wird je Merkmal aufsummiert. In Abbildung 5-12 ist die Ermittlung der Rangfolge für die Oberkriterien der strategischen Ebene exemplarisch dargestellt.

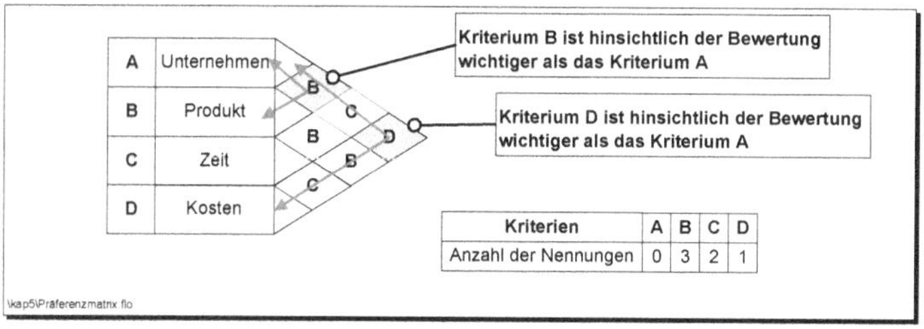

Abbildung 5-12: Präferenzmatrix zur Ermittlung der Gewichtungsfaktoren

Aus der Präferenzmatrix erhält man die Anzahl n der Nennungen. Aus dieser Anzahl n der Nennungen läßt sich dann die Rangfolge laut Gleichung 5-1 errechnen.

$$r_i = (n_{max} + 1) - n_i \qquad \textit{Gleichung 5-1}$$

Obermerkmal	**Rang r_i**
Unternehmen	4
Produkt	1
Zeit	2
Kosten	3

Tabelle 5-3: Rangfolge der einzelnen Kriterien

Diese Rangfolge stellt eine verhältnismäßige Wichtigkeit der einzelnen Kriterien dar und dient der Berechnung der Gewichtungsfaktoren. Hierzu wird eine Gewichtungsmatrix nach dem folgenden Schema (vgl. Tabelle 5-4) aufgestellt (*Breiing & Knosala 1997, S. 298*). Die verhältnismäßigen Wichtigkeiten p_{ij} werden nach Gleichung 5-2 ermittelt.

$$p_{ij} = \frac{r_j}{r_i} \qquad \textit{Gleichung 5-2}$$

	Bewertungskriterium	A	B	C	D
A	Unternehmen	1	1/4	1/2	3/4
B	Produkt	4/1	1	2/1	3/1
C	Zeit	2/1	1/2	1	3/2
D	Kosten	4/3	1/3	2/3	1

Tabelle 5-4: Gewichtungsmatrix

Aus dieser Gewichtungsmatrix lassen sich dann die Gewichtungsfaktoren g_i, wie in Gleichung 5-3 dargestellt, und der normierte Gewichtungsfaktor $g_{i,normiert}$ berechen (vgl. Gleichung 5-4):

$$g_i = \sum_{j=1}^{n} p_{ij} \qquad \textit{Gleichung 5-3}$$

$$g_{i_{normiert}} = \frac{g_i}{\sum_{i=1}^{n} g_i} \qquad \textit{Gleichung 5-4}$$

In Abbildung 5-13 ist die Berechnung der normierten Gewichtungsfaktoren für die Oberkriterien der strategischen Ebene exemplarisch durchgeführt.

Merkmal	Anzahl der Nennung bei Rangfolge-verfahren	Rang Nr.	Unternehmen	Produkt	Zeit	Kosten	Gewichtungs-faktoren	normierter Gewichtungs-faktor
Unternehmen	0	4	1	1/4	1/2	3/4	0,55	0,12
Produkt	3	1	4	1	2	3	2,21	0,48
Zeit	2	2	2	1/2	1	1 1/2	1,11	0,24
Kosten	1	3	1 1/3	1/3	2/3	1	0,74	0,16

Abbildung 5-13: Berechnung der normierten Gewichtungsfaktoren

6 Entwurf des Kennzahlensystems Rapid Prototyping

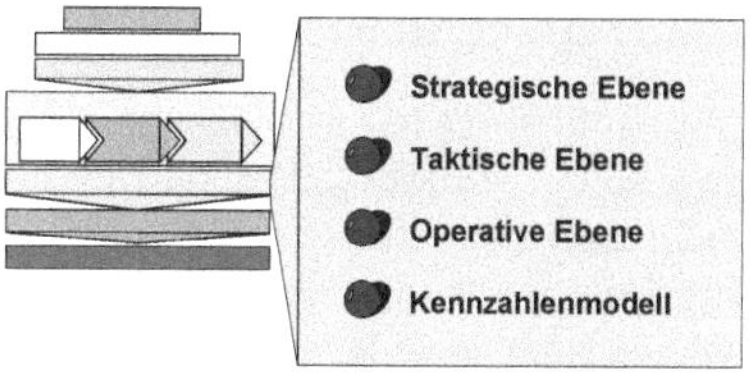

Der Entwurf der Methode beschreibt im wesentlichen die allgemeine Vorgehensweise des Leitfadens Rapid Prototyping. Hierbei wird, wie bereits in der Konzeptionsphase dargestellt, in drei Ebenen vorgegangen. Für die einzelnen Ebenen wird zunächst die Zielsetzung festgelegt und der Entwurf des Kennzahlensystems durchgeführt. Ziel des Kapitels 6 ist es, ein Kennzahlensystem für die jeweiligen Entscheidungen in der strategischen, der taktischen und der operativen Ebene zu erhalten.

6.1 Einflußfaktoren in der strategischen Ebene

Wesentliche Zielsetzung der strategischen Ebene ist die Potentialanalyse in der Produktentwicklung hinsichtlich des Einsatzes von Rapid Prototyping. Die strategische Ebene betrifft das gesamte Unternehmen. Zum einen muß die Unternehmensleitung auf Basis der strategischen Ausrichtung festlegen, inwieweit die Technologie Rapid Prototyping im Rahmen der Produktentwicklung sinnvoll eingesetzt werden kann. Zum anderen müssen die Randbedingungen für einen effizienten Einsatz der Technologie abgeklärt werden. Als Entscheidungshilfe für die Bewertung der Technologie Rapid Prototyping werden die Aspekte Qualität, Zeit und Kosten herangezogen. Unter Qualität ist hier die Entwicklungsqualität zu verstehen. Die Aspekte Kosten und Zeit beziehen sich auf die Modellherstellung.

In größeren Unternehmen oder bei einem stark heterogenen Produktspektrum können die Entscheidungen in der strategischen Ebene auch in Unternehmensbereichen oder für einzelne Produktsparten durchgeführt werden.

6.1.1 Informationen in der strategischen Ebene

Im Sinne der strategischen Entscheidung sind vor allem Informationen über das Technologiepotential von Bedeutung. Ist der qualitative oder quantitative Vorteil hinsichtlich Zeit, Kosten und Qualität nicht bekannt, kann keine Entscheidung über den Einsatz von Rapid Prototyping in der Produktentwicklung gefällt werden. Dies betrifft zum Beispiel die technologischen Randbedingungen im Unternehmen, ohne die kein effizienter Einsatz möglich ist. Zu den erforderlichen Informationen in der strategischen Ebene zählen zum Beispiel das Grundprinzip der Rapid Prototyping-Technologie und deren technologischen Vor- und Nachteile gegenüber anderen Fertigungsverfahren. Weiterhin sind Daten über die organisatorischen Randbedingungen im Unternehmen erforderlich, um die Entscheidungsqualität zu verbessern. Zu den interessanten Informationen kann man u.a. die Darstellung der Prozeßketten des Rapid Prototyping und die Wachstumszahlen des Marktes Rapid Prototyping zählen.

6.1.2 Entwurf der Kennzahlen zur strategischen Unternehmensbewertung

Zur strategischen Bewertung der Technologie Rapid Prototyping dienen Kennzahlen, die Aussagen über Kriterien wie Zeit, Kosten und Qualität zulassen. Eingangsinformationen sind im wesentlichen die Unternehmens- und die Produktinformationen. Diese bilden die Grundlage für die Bewertung des Zeit- und Kostenvorteils durch den Einsatz von Rapid Prototyping. Im Rahmen der strategischen Bewertung der Technologie Rapid Prototyping werden die drei Kennwerte Qualität, Zeit und Kosten in der Kennzahl „RP" zusammengefaßt. Neben diesen qualitativen Größen werden das Kosten- und Zeitpotential als quantitative Kenngrößen ermittelt. In der Abbildung 6-1 sind die einzelnen Einflußfaktoren zur strategischen Unternehmensbewertung zusammenfassend dargestellt und nach den Oberkriterien wie Unternehmen, Produkt, Zeit und Kosten gegliedert.

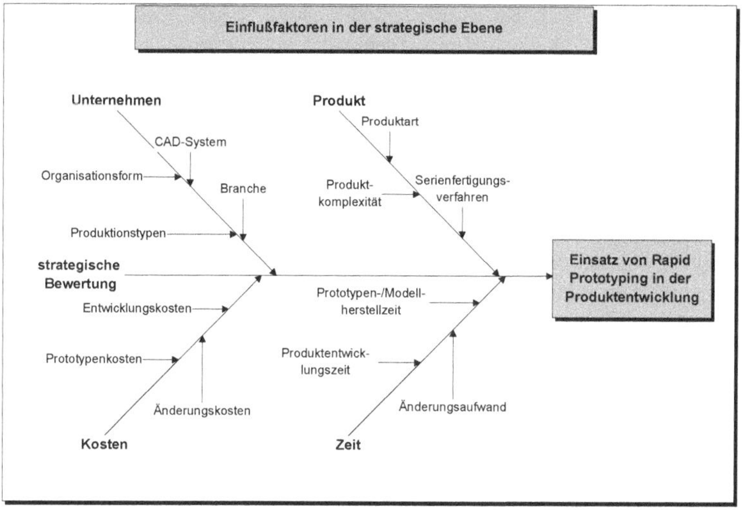

Abbildung 6-1: Einflußfaktoren in der strategischen Ebene

Einflußfaktoren durch das Unternehmen

Der effiziente Einsatz von Rapid Prototyping ist stark vom Komplexitätsgrad des jeweiligen Unternehmens und des Produkts abhängig. Es wird zunächst unterschieden, inwieweit es sich hierbei um organisatorische oder um produktbezogene Merkmale handelt. Zu den organisatorischen Merkmalen gehören u.a. die Organisationsform des Unternehmens oder der vorherrschende Produktionstyp.

Organisationsform

Die von einem Unternehmen gewählte Organisationsform erfordert von den Entwicklungsteams unterschiedliche Vorgehensweisen. Als grundsätzliche Formen der Organisation sind die Linienorganisation, die Stab-Linien-Organisation, die Funktionale Organisation und die Matrix-Organisation zu nennen (*Heinen 1995, S. 106*). Hinsichtlich der Merkmale Kommunikation, Entscheidungsqualität und dem Faktor Zeit sind diese unterschiedlichen Formen der Organisation zu bewerten. Das Bewertungsergebnis wirkt sich auf die Einsparungspotentiale von Qualität und Zeit aus. So ist z.B. eine Matrix-Organisation durch einen erhöhten

Abstimmungs- und Kommunikationsaufwand gekennzeichnet. Diese Aufwände kann die Technologie Rapid Prototyping unter Umständen reduzieren.

Produktionstypen

Neben der Organisationsform können auch vom Produktionstyp, der in einem Unternehmen vorliegt, Aussagen bezüglich der Komplexität und der Variabilität eines Produkts und damit auch den Anforderungen an die Produktentwicklung getroffen werden. Nach Heinen lassen sich vier Produktionstypen hinsichtlich Variabilität und Komplexität unterscheiden. Das sind die marktorientierte Massen- und Serienfertigung und die auftragsorientierte Serien- und Einzelfertigung (*Heinen 1995)*.

Branche

Durch den Einflußfaktor der Branche läßt sich vor allem ein Vergleich mit anderen Unternehmen aus demselben Bereich ziehen. So können zum Beispiel mehrere Studien herangezogen werden, die den Einsatz in den unterschiedlichen Branchen miteinander vergleichen. Eine Umfrage zeigte zum Beispiel, daß Rapid Prototyping in der Automobilzulieferindustrie sehr viel häufiger eingesetzt wird als in Bereichen der Kommunikationstechnik (*NCG 1997*). Dies läßt u.a. den Schluß auf die Effizienz der Technologie in den unterschiedlichen Branchen zu.

CAD-Technologie

Die bei einem Unternehmen eingesetzte CAD-Technologie stellt für Rapid Prototyping die wesentliche Randbedingung dar. Bei CAD-Technologien kann man grundsätzlich vier Modellierungsarten unterscheiden: Die 2D-Modellierung, das 3D-Drahtmodell, das 3D-Flächenmodell und das 3D-Volumenmodell (*Geuer 1996, Sendler 1998*). Die Technologie Rapid Prototyping benötigt, wie in Kapitel 3 beschrieben, eine 3D-Beschreibung des Bauteils. Die unterschiedlichen CAD-Modellierungsarten sind vor allem bezüglich des Aufwandes für die Datenaufbereitung zu bewerten. Dies hat sowohl auf die Kosten, aber vor allem auch auf den Faktor Zeit einen sehr starken Einfluß.

Einflußfaktoren durch das Produkt

Neben den Einflußfaktoren, die vom Unternehmen ausgehen, müssen im weiteren produktspezifische Aspekte betrachtet werden. Hierzu gehören u.a. die Produktart, die Produktkomplexität und das eingesetzte Serienfertigungsverfahren.

Produktart

Bei der Produktart handelt es sich vor allem um das Grundmaterial, aus dem das spätere Produkt besteht. Zu unterscheiden sind hier Kunststoffprodukte, Metallprodukte, elektromechanische Produkte u.a. (vgl. *NCG 1997*). Die Produktart erlaubt hier eine erste grobe Bewertung der Potentiale der Technologie Rapid Prototyping, vor allem hinsichtlich der Modelleigenschaften. Kunststoffprodukte lassen sich zum Beispiel zur Zeit serienähnlicher mit Rapid Prototyping-Technologie abbilden als metallische Produkte.

Produktkomplexität

Die Produktkomplexität hat einen wesentlichen Einfluß auf den effizienten Einsatz der Technologie Rapid Prototyping. Sowohl die Geometriekomplexität der einzelnen Bauteile als auch die gesamte Produktkomplexität haben auf das Einsatzpotential von Rapid Prototyping einen Einfluß (*König & Klocke 1997*). Vor allem für den Vergleich mit anderen Fertigungsverfahren ist die Komplexität von Bedeutung. So sind z.B. die Kosten bei den generativen Fertigungsverfahren nahezu unabhängig von der Bauteilkomplexität (*Geuer 1995*).

Serienfertigungsverfahren

Das spätere Serienfertigungsverfahren läßt neben der Bauteilgeometrie auch einen Schluß auf Stückzahl und die Bauteilkomplexität zu. Hier sind nur grundsätzliche Fertigungsverfahren wie Fräsen, Drehen und der Bereich der Um- und Urformtechnik zu unterscheiden (*vgl. Bode 1996, DIN 8580*).

Einflußfaktoren auf den Aspekt Zeit

Zeitlich können zwei unterschiedliche Einsparungspotentiale gesehen werden. Die Reduzierung der Prototypen- bzw. Modellbauzeiten und die Verkürzung der gesamten Entwicklungszeit eines Produkts.

Modellherstellzeit

Diese Modellherstellzeit dient als absoluter Maßstab zur Ermittlung des zeitlichen Einsparungspotentials. Unter der Modellherstellzeit ist die Zeitspanne von der Fertigstellung der CAD-Daten bis zur Lieferung der körperlichen Modelle zu verstehen. Die Herstellung von Modellen und Prototypen benötigt bislang einen sehr hohen Anteil an der Produktentwicklung (*Bullinger 1995*). Die bisherige Modellherstellzeit ist Basis des zeitlichen Einsparungspotentials.

Entwicklungszeit

Die Entwicklungsdauer für ein Produkt ist die Basisgröße für die Bewertung des zeitlichen Einsparungspotentials. Die Entwicklungszeit ist der Zeitraum von der Konzeptphase der Produktentwicklung bis hin zu den ersten Serienbauteilen (vgl. *Arnold & Bauer 1992*). Das mögliche zeitliche Einsparungspotential ist vor allem vom Verhältnis der Prototypen-Herstellzeit und der Entwicklungsdauer abhängig.

Änderungsaufwand

Die Reduzierung der Entwicklungszeit aufgrund der Vermeidung von Änderungen ist ein sekundäres zeitliches Potential bei dem Einsatz der Technologie Rapid Prototyping (*Lindemann & Reichwald 1998, S.126ff).* Mehrere Untersuchungen haben gezeigt, daß durch den Einsatz von körperlichen Modellen oft mehr als die Hälfte aller Änderungen in späten Phasen der Produktentwicklung vermieden werden (*Macht 1996*). Der Änderungsaufwand, der im Rahmen eines Entwicklungsprojektes entsteht, ist von den meisten Unternehmen kaum zu quantifizieren. Oft wird er gar nicht oder nur unzureichend dokumentiert. Der Änderungsaufwand stellt aber eine wesentliche Größe zur Ermittlung der Einsparungspotentiale dar (vgl. *Reinhart u.a. 1996*).

Kostenkriterien

Im Bereich der Kosten sind hinsichtlich der Einführung der Technologie Rapid Prototyping die aktuellen Herstellungskosten für Modelle und Prototypen zu betrachten. Ein weiterer Aspekt sind hierbei auch die Änderungskosten. Diese werden maßgeblich durch die Technologie und den Bauteiltyp bestimmt.

Herstellkosten

Unter den Herstellkosten für Prototypen sind sämtliche Kosten zu verstehen, die ausgehend von den Bauteilinformationen, wie Zeichnungen oder CAD-Daten, bis hin zum fertigen körperlichen Modell anfallen (vgl. *Scheer 1995*). Die Herstellkosten dienen wiederum als absoluter Maßstab für das Einsparungspotential.

Entwicklungskosten

Ähnlich wie die Produktentwicklungsdauer bilden die gesamten Entwicklungskosten eines Produkts die Basis der Kosteneinsparungen.

Änderungskosten

Wie der zeitliche Änderungsaufwand, sind auch die Änderungskosten oft nicht entsprechend dokumentiert bzw. (vgl. *Lindemann & Reichwald 1998, S. 35ff)*. Zwar haben die Änderungskosten einen starken Einfluß auf das Einsatzpotential, sie lassen sich jedoch oft nicht quantitativ ausdrücken.

Bei den Kosten und Zeitangaben können als Datenbasis sowohl Unternehmenskennwerte als auch Projektkennwerte von repräsentativen Entwicklungsprojekten herangezogen werden. Aus den oben genannten Einflußfaktoren müssen die Bewertungskriterien operationalisiert werden. Für die einzelnen Merkmale müssen im ersten Schritt die einzelnen Ausprägungen ermittelt werden. In Abbildung 6-2 sind die einzelnen Merkmale und die jeweilige Ausprägung exemplarisch in Form eines morphologischen Kastens dargestellt.

	Merkmale	Ausprägungen				
Unternehmen	CAD-System	n. v.	2D	2 1/2D	3D-Flächen-modellierer	3D-Volumen-modellierer
	Organisationsform	Linienorganisation	Stab-Linien-organisation	funktionale Organisation	Matrixorganisation	etc.
	Produktionstyp	marktorientierte Massenfertigung	marktorientierte Serienfertigung	auftragsorientierte Serienfertigung	auftragsorientierte Einzelfertigung	etc.
	Branche	Automobil	Elektroindustrie	Anlagenbau	Kommuni-kationstechnik	etc.
Produkt	Produktart	Kunststoff	Metall	Keramik	sonstiges	etc.
	Serienfertigungs-verfahren	Drehen	Fräsen	Umformtechnik	Spritzguß	Druckguß
	Produktkomplexität	niedrig	mittel	hoch		
Zeit	Produkt-entwicklungszeit	< 1 Mo	3 Mo	6 Mo	12 Mo	> 24 Mo
	Prototypen fertigungszeit	< 2 Wo	4Wo	6 Wo	8 Wo	12 Wo
Kosten	Änderungsaufwand	< 1 Wo	4 Wo	8 Wo	12 Wo	> 12 Wo
	Prototypenfertigungs-kosten	< 10.000	25.000	50.000	75.000	> 100.000
	Änderungskosten	< 1.000	5.000	10.000	20.000	> 50.000

Abbildung 6-2: Exemplarische Ausprägungen der Merkmale bei der strategischen Unternehmensbewertung

Diese Ausprägungen müssen im folgenden hinsichtlich der Technologie Rapid Prototyping bewertet werden. Das Aufstellen der Berechnungsvorschriften und der Aufbau des Kennzahlensystems erfolgt in Kapitel 6.4.

6.2 Einflußfaktoren in der taktischen Ebene

In der taktischen Ebene wird der Einsatz der Technologie Rapid Prototyping für den gesamten Produktentwicklungsprozeß geplant. Es handelt sich hierbei um eine Grobplanung, die sich weniger an dem zeitlichen Ablauf des Entwicklungsprozesses orientiert, sondern vielmehr an den einzelnen Prozeßschritten. Ziel der taktischen Ebene ist es, die Entscheidung zu treffen, in welchen Prozeßschritten welche Modelle eingesetzt werden und welche Anforderungen an die Modelle gestellt werden. Neben der Entscheidung, wann welches Modell eingesetzt wird, erfolgt in der taktischen Ebene eine Aufwandsabschätzung für die Modellherstellung. Die taktische Ebene befindet sich auf der Projektebene. Dies bedeutet, daß sowohl die Bewertung als auch die Entscheidung in der taktischen Ebene von Entwicklungsprojekt zu Entwicklungsprojekt neu durchgeführt werden muß, sofern sie sich nicht ähnlich sind.

6.2.1 Informationen in der taktischen Ebene

Im Rahmen der taktischen Ebene wird die Produktionsstrategie im Unternehmen umgesetzt. Hinsichtlich des Einsatzes der Technologie Rapid Prototyping müssen die Einsatzbereiche systematisch geplant werden. Hierfür benötigt der Anwender unterschiedliche Informationen. Dies sind zum einen Informationen über die Möglichkeiten der Technologie Rapid Prototyping und zum anderen deren Einsatzbereiche im Produktentwicklungsprozeß. Als eine notwendige Information in der taktischen Ebene ist die Information über die möglichen Zielsetzungen zu zählen, die mit dem Einsatz von körperlichen Modellen verfolgt werden. Dieser Zielsetzung stehen unternehmensinterne Informationen, wie Abläufe und Arbeitsaufgaben der einzelnen Bereiche bzw. Personen, gegenüber. Die Entscheidungsqualität im taktischen Bereich kann u.a. durch eine grobe Prozeßkettenbeschreibung verbessert werden. Hierzu gehören z.B. Angaben über mögliche Materialgruppen oder durchschnittliche Lieferzeiten. Für den Entscheidungsprozeß kann unter Umständen ein beispielhaftes Szenario zur Durchführung der einzelnen Prozeßkette von Interesse sein. Anhand von Einsatzbeispielen kann der Anwender zusätzliche Modelleinsatzbereiche bzw. Zeitpunkte definieren.

6.2.2 Entscheidungsunterstützung

Wie bereits dargestellt, werden zwei grundsätzliche Entscheidungen in der taktischen Ebene getroffen. Erstens die Ermittlung des Einsatzzeitpunktes, zweitens die Festlegung des Modelltyps. Weiterhin soll eine grobe Aufwandsabschätzung als Gegenüberstellung zu den Leistungen durchgeführt werden.

Einflußfaktoren zur Ermittlung des Einsatzzeitpunktes

Im ersten Schritt muß in der taktischen Ebene der Einsatzzeitpunkt von körperlichen Modellen ermittelt werden. Hierfür gilt es wiederum Merkmale bzw. Einflußfaktoren zu bestimmen. Diese werden dann in dem Kennzahlensystem zu einer Kennzahl T zur Bewertung des Einsatzzeitpunktes zusammengefaßt. Die Einflußfaktoren ändern sich im Laufe einer Produktentwicklung stetig. Es muß demzufolge eine stetige Bewertung während des gesamten Entwicklungsprojekts erfolgen oder es erfolgt eine Einsatzplanung auf Basis eines ähnlichen Entwicklungsprojekts im vorhinein.

Der Einsatzzeitpunkt eines körperlichen Modells wird durch drei grundsätzliche Einflußgrößen beeinflußt: Die Kenngrößen des Entwicklungsprozesses, der Einsatzzielsetzung und der Bauteilmerkmale (vgl. *Lindemann & Stetter 1998*). Die Beschreibung des Entwicklungsprozesses kann u.a. durch die Art der Entwicklung, die Arbeitsphase und den Stand der Produktdaten genannt werden. Die Zielsetzung wird vor allem durch den Modellnutzer bestimmt. Zur Bestimmung des Aufwands werden Bauteilmerkmale wie die Größe des Modells, das Bauteilvolumen und die benötigte Stückzahl herangezogen (siehe Abbildung 6-4).

Grundsätzlich ist ein körperliches Modell sinnvoll, wenn ein entsprechender Kommunikations- oder Absicherungsbedarf besteht (*Bernard 1997*). Diesen Bedarf gilt es zunächst zu ermitteln. Während in der strategischen Ebene das ganze Unternehmen betrachtet wird, müssen in der taktischen Ebene die einzelnen Entwicklungsprojekte betrachtet werden. Die Kommunikation kann zunächst in eine abteilungsinterne und –externe unterschieden werden. Es handelt sich vor allem um die Darstellung von neuen Ideen, der Umsetzung von Konzepten, der Abstimmung von Änderungen und der Überprüfung der eigenen Arbeitsergebnisse (vgl. *Lindemann & Reichwald 1998, S. 126ff)*. Wesentliches Merkmal für die Kommunikation ist die Anzahl der beteiligten Personen und auch der Abteilungen. Weiterhin kann durch eine Bewertung der Auswirkungen auf andere Bereiche eine Gewichtung der Änderung hinsichtlich des Modelleinsatzes erfolgen.

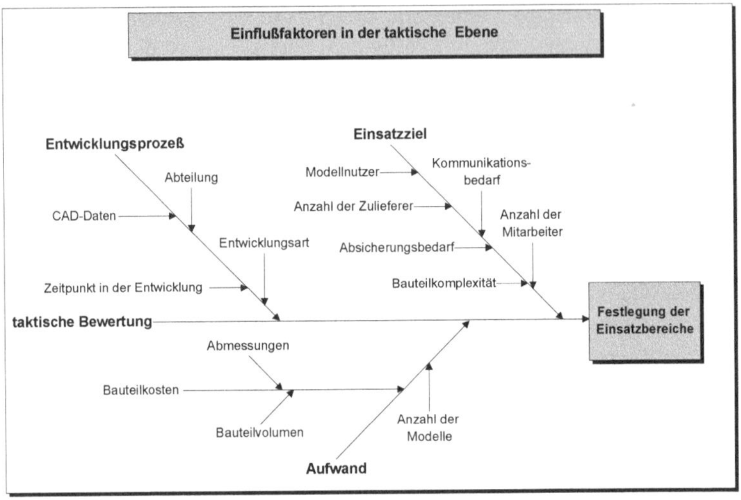

Abbildung 6-3: Einflußfaktoren in der taktischen Ebene

Bei der Absicherung der Produktentwicklung muß die Umsetzung von Ideen und Konzepten im späteren Produkt betrachtet werden. Neben der Überprüfung der Funktion des Produkts zählt hierzu auch die Realisierung der Produktidee in der späteren Produktion. Hier kommt vor allem die Ausprägung der Entwicklungsart zum Tragen (*Stetter & Pache 1998*). Auch die Art der Produktentwicklung hat unterschiedliche Auswirkungen auf den Absicherungsbedarf. So ist der Absicherungsbedarf bei einer Neuentwicklung deutlich höher als bei einer Anpassungsentwicklung (vgl. *VDI-Richtlinie 2221*).

Einflußfaktoren zur Ermittlung des Modelltyps

Aus den einzelnen Einflußfaktoren lassen sich dann die Modelltypen ableiten. Die Modelltypen dienen im wesentlichen zur Festlegung der Zielsetzung, die mit dem körperlichen Modell verfolgt wird. Nach der Ermittlung der Einsatzzeitpunkte können Grobanforderungen zur Abschätzung des Aufwandes dienen. Die Aufstellung der Detailanforderungen erfolgt in der folgenden operativen Ebene.

Der Modelltyp wird zum einen durch die konkrete Zielsetzung festgelegt. Neben dieser Festlegung kann man allerdings auch über die Teilziele z.B. hinsichtlich der Funktionsanforderungen, der Betriebsanforderungen und der Erkennbarkeit eine weitere Spezifizierung erreichen. Die dritte Zielsetzung, die mit einem Modell verfolgt werden kann, ist die Unterstützung anderer Prozesse. So können Montage- oder Fertigungsprozesse effizienter mit Modellen geplant werden. (*Geuer 1996)*

Einflußfaktoren auf die Aufwandsabschätzung

Dem zuvor ermittelten Bedarf ist der Aufwand für die Modelle gegenüberzustellen. Hierbei sind der Kostenaufwand und der zeitliche Aufwand zu unterscheiden. Neben der Zielsetzung spielt auch der Zeitpunkt des Einsatzes von Modellen in der Produktentwicklung für den Aufwand eine Rolle. Hier kommt vor allem die CAD-Datenausprägung zum Tragen. Der Aufwand für die Prototypenherstellung wird im Rahmen der taktischen Ebene grob quantitativ abgeschätzt, da hier oft noch wenige Detailinformationen hinsichtlich des Bauteils vorhanden sind. Für eine grobe Abschätzung des Aufwandes genügen wenige Bauteilinformationen. Hierzu gehören vor allem die Bauteilabmessungen, das Bauteilvolumen und die benötigte Stückzahl (*König & Klocke 1997, S 230ff*).

	Merkmale	Ausprägungen				
Entwicklungs-prozess	Abteilung	Vertrieb	Entwicklung	Versuch	Fertigung	Montage
	Entwicklungsart	Baukasten-konstruktion	Anpassungs-konstruktion	Neukonstruktion	etc.	
	Arbeitsphase	Konzeption	Entwurf	Ausarbeitung	etc.	
	CAD-Daten	keine	2D-Zeichnung	3D-Flächendaten	3D-Volumendaten	etc.
Einsatzziel	Modellbenutzer	Sachbearbeiter	Gruppenleiter	Abteilungsleiter	Geschäftsführer	etc.
	Zielsetzung des Modells	Belastungen	Bewegungen	Erkennbarkeit	Benutzbarkeit	etc.
	Kommunikations-bedarf	niedrig	mittel	hoch		
	Absicherungs-bedarf	niedrig	mittel	hoch		
	Anzahl der Mitarbeiter	1	2	5	10	20
	Anzahl der Zulieferer	keinen	1	5	10	20
	Bauteiltyp	filigran	massiv	gestreckt		
	Bauteilkomplexität	niedrig	mittel	hoch		
Auf-wand	Bauteilabmessungen	< 50 mm	100 mm	200 mm	400 mm	> 800 mm
	Material	Kunststoff	Metall	sonstiges		
	Anzahl der Modelle	1	4	10	30	> 100

Abbildung 6-4: Morphologie von beispielhaften Ausprägungen der Einflußfaktoren in der taktischen Ebene

6.3 Einflußfaktoren in der operativen Ebene

Ziel der operativen Ebene ist die Auswahl einer Rapid Prototyping-Prozeßkette für den jeweiligen Einsatzbereich und die Auswahl eines geeigneten Dienstleisters. In der taktischen Ebene ist bereits im Vorfeld die Festlegung des Modelltyps durchgeführt worden. Im folgenden gilt es, der Grobplanung eine Feinplanung anzuschließen.

6.3.1 Informationen in der operativen Ebene

Grundsätzlich sind für die operative Ebene Informationen über die konkreten Leistungsmöglichkeiten der Rapid Prototyping-Prozeßkette und der Dienstleister notwendig, um die Technologie effizient einsetzen zu können. Hierzu gehören vor allem auch Informationen über mögliche Datenformate sowie Kommunikations- und Datenübertragungsmöglichkeiten. Informationen bezüglich der unterschiedlichen Dienstleisterstrukturen können die Entscheidungsqualität verbessern. Als interessante Informationen lassen sich zum Beispiel die geographische Verbreitung der Dienstleister nennen.

6.3.2 Entscheidungsunterstützung in der operativen Ebene

Die Kopplung der taktischen mit der operativen Ebene ist von entscheidender Bedeutung. Der Einsatzbereich des Modells, der in der taktischen Ebene ermittelt wurde, beeinflußt die Gewichtung der einzelnen Modellkriterien und die Auswahl der Rapid Prototyping-Prozeßkette.

In der operativen Ebene können die modellspezifischen Kriterien von den organisatorischen Kriterien unterschieden werden. Zu den modellspezifischen Kriterien zählen z.B. die geometrischen Eigenschaften oder die Material- und Oberflächenbeschaffenheit. Unter dem Überbegriff „Auftragsdaten" lassen sich wirtschaftliche und organisatorische Aspekte wie die Lieferzeit oder die Art der vorhandenen CAD-Daten zusammenfassen.

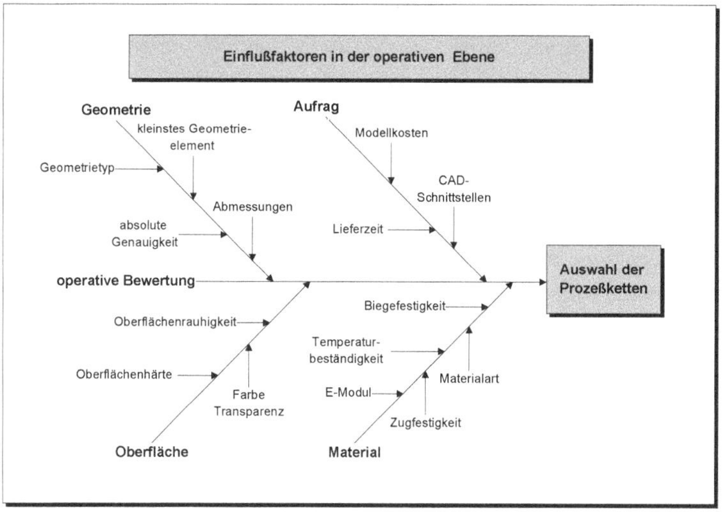

Abbildung 6-5: Einflußfaktoren in der operativen Ebene

Auftragsbezogene Einflußfaktoren

Zu den auftragsbezogenen Einflußfaktoren zählen zum einen die datentechnischen Randbedingungen wie die CAD-Schnittstelle und die Art der Datenübertragung, zum anderen die auftragsspezifischen Daten wie Liefertermin und benötigte Stückzahl. Die datentechnischen Randbedingungen spielen für die Auswahl des Rapid Prototyping-Verfahrens so gut wie keine Rolle. Der Liefertermin und die Anzahl der benötigten Prototypen beeinflussen maßgeblich die Auswahl der Prozeßketten, da diese sich in der Auftragsabwicklung stark voneinander unterscheiden (vgl. *Steger & Koch 1996*). Ein Aspekt für den effizienten Einsatz der Technologie Rapid Prototyping ist die technologische Voraussetzung hinsichtlich des vorhandenen CAD-Systems, der CAD-Schnittstellen und den Datenübertragungsmöglichkeiten.

Die modellspezifischen Einflußfaktoren können in drei Gruppen unterteilt werden: Die geometrischen, die material- und die oberflächenspezifischen Einflußfaktoren (vgl. *Tönshoff & Henning 1995*). Diese werden durch die Festlegung des späteren Produktes bestimmt, die notwendige Erfüllung der eigentlichen Produkteigenschaften ist wie oben beschrieben durch den Einsatzbereich bestimmt.

Einflußfaktoren durch die Modellgeometrie

Die maximalen Abmessungen eines Bauteils können aufgrund des eingeschränkten Bauraums der Rapid Prototyping-Verfahren unter Umständen die Auswahl beeinflussen, sofern das Modell nicht aus mehreren Elementen zusammengesetzt werden kann. Der Geometrietyp hat je nach Verfahren einen unterschiedlich starken Einfluß auf die spätere Modellgeometrie. Als Geometrietypen, die einen unterschiedlichen Einfluß auf die spätere Geometrie haben, können großflächige, massive, und filligrane Bauteile unterschieden werden. Die absolut erreichbare Genauigkeit spielt eine weitere Rolle. Das kleinste in einem Modell darzustellende Element kann je nach Einsatzbereich ein Ausschlußkriterium bedeuten, da die meisten RP-Verfahren eine Einschränkung hinsichtlich dieses Kriteriums besitzen. (vgl. *König & Klocke 1997*)

Einflußfaktoren durch das Material

Das Material ist ein wesentlicher Faktor bei der Auswahl einer Prozeßkette, sofern eine bestimmte Festigkeit oder ein bestimmter Materialtyp gefordert ist. Neben den Materialeigenschaften, wie der Zugfestigkeit, dem E-Modul und der Bruchdehnung, ist die Temperaturbeständigkeit für den jeweiligen Einsatzbereich von Bedeutung. (vgl. *Hornbogen 1994*)

Oberflächeneigenschaften

Da der Eindruck von einem Produkt vor allem von der Oberflächeneigenschaft abhängig ist, hat dieser Aspekt gerade bei Modellen, die der Anschauung dienen, eine entsprechende Bedeutung. Zu den Oberflächeneigenschaften zählen die Oberflächenrauhigkeit, die Oberflächenhärte und der haptische Eindruck der Modelle. Hier spielen auch die Farbe bzw. die Transparenz eines Werkstoffes eine Rolle. (*Koch & Steger 1995*)

6.4 Aufbau des Kennzahlensystems Rapid Prototyping

Das Kennzahlensystem, das im Rahmen dieser Arbeit für die Technologie Rapid Prototyping aufgestellt wird, muß den unterschiedlichen Zielsetzungen gerecht werden. Dies erfolgt in der Abstimmung des Kennzahlensystems auf das Zielsystem. Das Zielsystem kann in drei Bereiche untergliedert werden: Die strategische, die taktische und die operative Ebene. Diese drei Ebenen müssen sich in dem Kennzahlensystem wiederfinden. Zunächst wird auf die Kennzahlenberechnung in den einzelnen Ebenen eingegangen.

Auf Basis der Strukturanalyse werden den Einflußfaktoren entsprechende Kennzahlen zugeordnet. Die Berechnungsvorschrift in der strategischen Ebene besteht aus vier Schritten. Im ersten Schritt werden die Kennzahlen K1, K2, K3 und K4 aus den Maßzahlen der einzelnen Untermerkmale und den dazugehörigen Gewichtungen berechnet (siehe Abbildung 6-6).

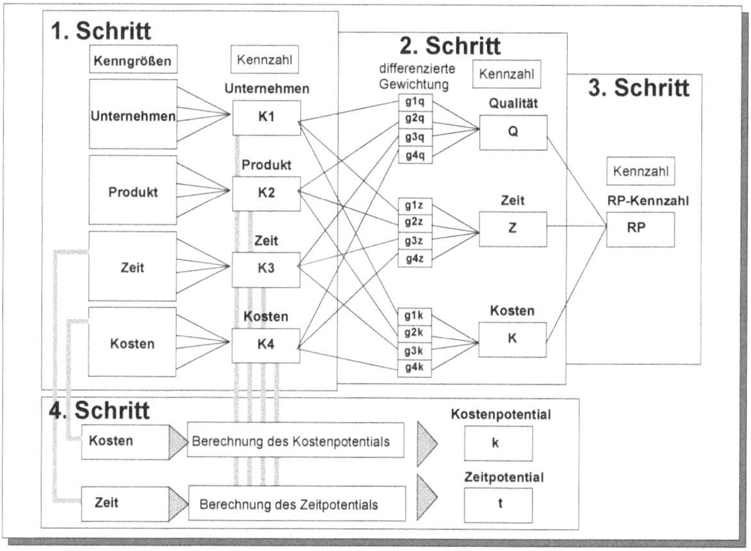

Abbildung 6-6: Ermittlung der Kennzahl RP

Aus diesen vier Kennzahlen werden die drei Kennzahlen für Qualität (Q), Zeit (Z) und Kosten (K) ermittelt. Hierbei erfolgt eine unterschiedliche Gewichtung der vier Kennzahlen K1-K4 bezüglich der unterschiedlichen Kennzahlen Q, Z, K. Das ist notwendig, da z.B. die Bereiche Unternehmen und Produkt auf die Aspekte Qualität, Zeit und Kosten unterschiedliche Auswirkungen haben. Im nächsten Schritt wird aus diesen drei Kennzahlen die Rapid Prototyping-Kennzahl RP berechnet. Im vierten Schritt wird das Kosten- und Zeitpotential ermittelt.

In der taktischen Ebene wird bei der Ermittlung der einzelnen Kennzahlen in drei Schritten vorgegangen. Im ersten Schritt wird die Kennzahl T ermittelt. Diese Kennzahl stellt ein Maß für die Effektivität des Modelleinsatzes dar. Überschreitet die Kennzahl einen Schwellenwert, so ist ein Modelleinsatz als sinnvoll einzuschätzen. Im nächsten Schritt wird dann der Modelltyp ermittelt. Zuletzt wird der aus dem Einsatzbereich, den Produktmerkmalen und dem Modelltyp resultierende Modellaufwand ermittelt. In Abbildung 6-7 sind diese drei Schritte zusammenfassend dargestellt.

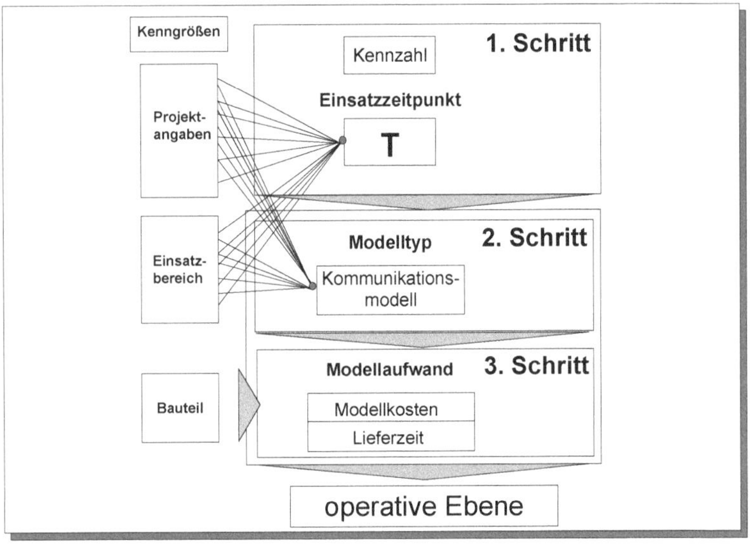

Abbildung 6-7: Ermittlung der Kennzahlen in der taktischen Ebene

In der operativen Ebene wird abschließend mit einer Nutzwertanalyse eine Rangfolge der unterschiedlichen Prozeßketten gebildet (siehe Abbildung 6-8). Bei der folgenden Betrachtung werden bei den Prozeßketten zur Herstellung von Prototypen nicht die einzelnen Zwischenprozesse bewertet, sondern das Ergebnis der Prozeßkette, nämlich die Eigenschaften des jeweiligen körperlichen Modells. Neben der Bewertung der Haupttechnologie wird separat eine Bewertung der Fehlertechnologie durchgeführt. Detailliert wird hierauf in Kapitel 7 eingegangen.

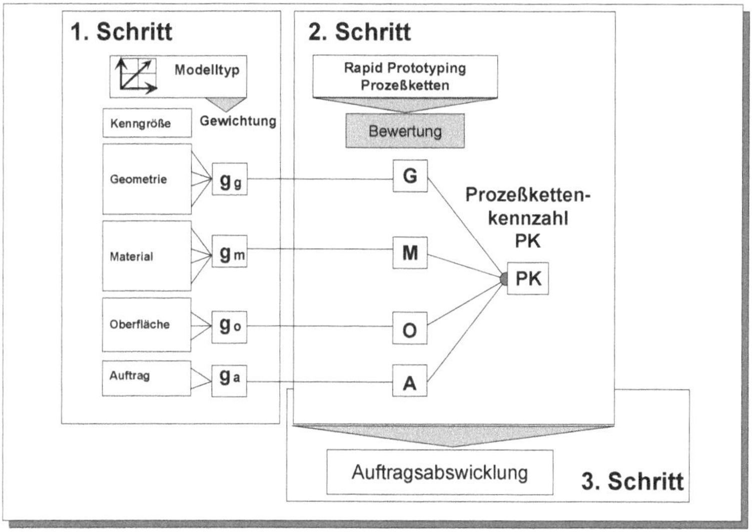

Abbildung 6-8: Auswahl der Rapid Prototyping-Prozeßketten in der operativen Ebene

Abschließend ist in Abbildung 6-9 die Struktur des Kennzahlensystems Rapid Prototyping dargestellt. Die einzelnen Kennzahlen sind nach den einzelnen Ebenen, in denen sie eingesetzt werden, aufgabenspezifisch gegliedert.

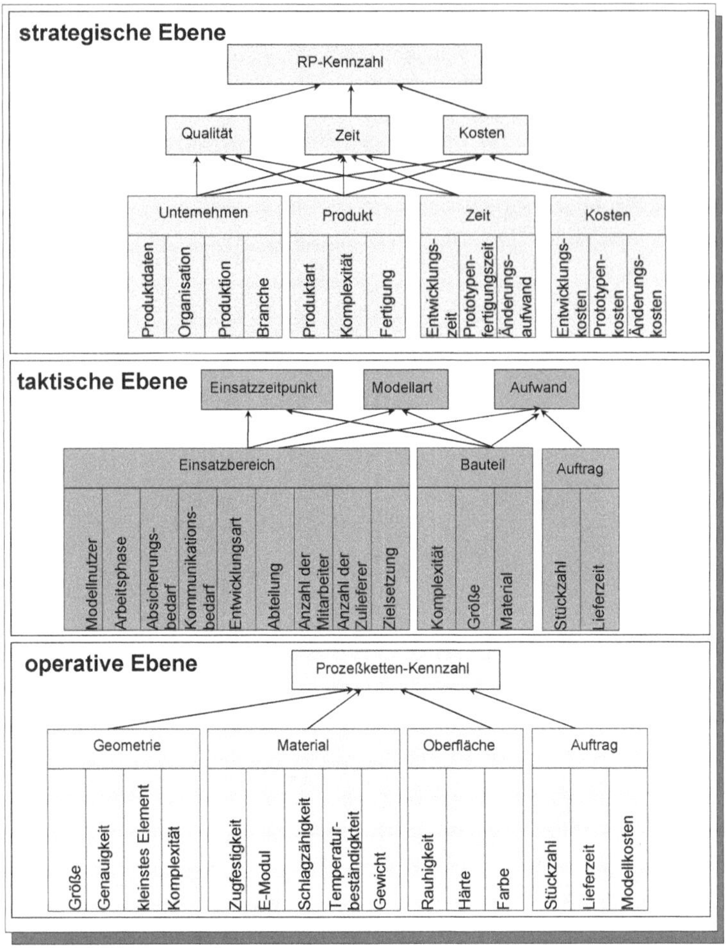

Abbildung 6-9: Kennzahlensystem des Leitfadens Rapid Prototyping

7 Leitfaden für einen effizienten Einsatz von Rapid Prototyping

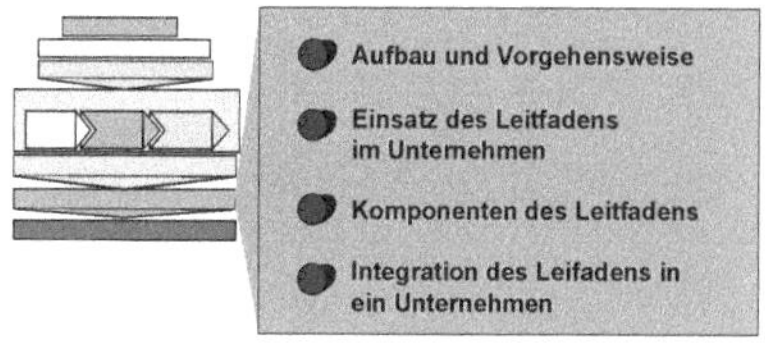

Im Kapitel 7 wird auf die Umsetzung des Entwurfs in eine für den Einsatz im Unternehmen angepaßte Lösung eingegangen. Die entworfene Methode wurde hierfür im Leitfaden Rapid Prototyping umgesetzt. Hierzu gehören die Struktur und die Vorgehensweise des Leitfadens, der Einsatz des Leitfadens im Unternehmen und die Umsetzung der informationstechnischen Komponenten.

7.1 Aufbau des Leitfadens Rapid Prototyping

Der Leitfaden Rapid Prototyping dient der Umsetzung der in Kapitel 5 konzipierten Vorgehensweise mit Hilfe des in Kapitel 6 entworfenen Kennzahlensystems. Ziel des Leitfadens ist es, den Anwender der Technologie Rapid Prototyping in den unterschiedlichen Ebenen zu unterstützen. Der Leitfaden soll den Anwender beim Einsatz von Rapid Prototyping anleiten. Der Schwerpunkt liegt hierbei auf der Integration der Vorgehensweise des Leitfadens in die Produktentwicklung. Der Leitfaden Rapid Prototyping wurde in Form eines Handbuchs umgesetzt. Das Handbuch setzt sich aus sechs Komponenten zusammen (siehe Abbildung 7-1). In der Komponente „Vorgehensweise" wird zunächst der Einsatz des Leitfadens Rapid Prototyping in der Produktentwicklung behandelt und die allgemeine Vorgehensweise beschrieben. Der „Informationsteil" behandelt die Grundlagen und den Stand der Technik im Bereich der generativen Fertigungsverfahren und Folgetechnologien. Im dritten Abschnitt wird dann auf das Einsatzpotential der Technologie Rapid Prototyping im Unternehmen eingegangen. An dieser Stelle werden die im Entwurf dargestellten Unternehmenskennzahlen hinsichtlich der Rapid Prototyping-Technologie ermittelt. Diese Komponente entspricht der strategischen Ebene aus Kapitel 6. Anschließend werden mit der Kennzahl T die Einsatzzeitpunkte von Modellen im Entwicklungsverlauf bestimmt. In der folgenden operativen Ebene erfolgt eine

Verfahrensauswahl. Abschließend kann der Anwender in der Komponente 6 des Leitfadens mit Hilfe standardisierter Formulare im RP-Net die Auftragsabwicklung effizienter gestalten. Auf die Inhalte des Handbuchs wird im Kapitel 7.3 und folgende näher eingegangen.

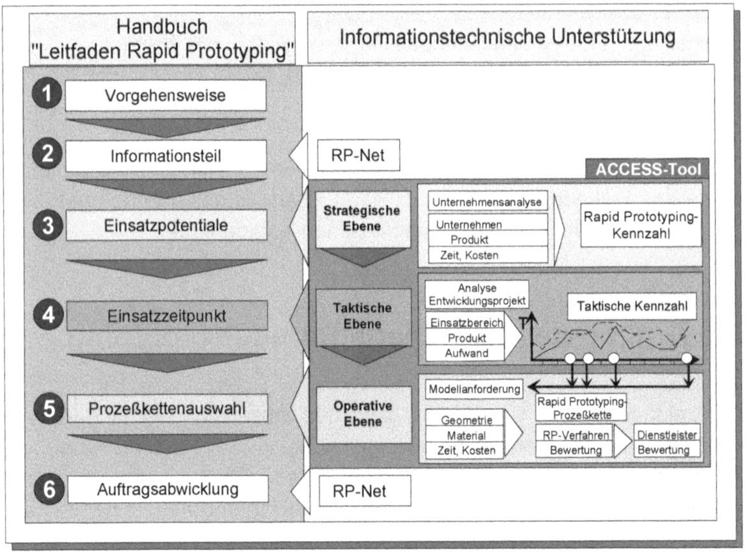

Abbildung 7-1: Komponenten des Leitfadens Rapid Prototyping

Zur informationstechnischen Unterstützung des Leitfadens Rapid Prototyping dient das RP-Net und ein ACCESS-Tool. Das RP-Net unterstützt den Anwender zum einen als Informationsbasis für Rapid Prototyping und zum anderen bei der Auftragsabwicklung. Hierzu gehört die Anfrage beim Dienstleister, die Angebotserstellung und die Auftragsvergabe. Das RP-Net wurde parallel zu dem Leitfaden Rapid Prototyping am iwb entwickelt. Das Rapid Prototyping-Netzwerk (RP-Net) stellt ein neuartiges Organisationsmodell eines Unternehmensverbunds dar (*Brandner 1998*). Auf die organisatorischen Aspekte des RP-Net wird im Rahmen dieser Arbeit nicht eingegangen. Mit Hilfe des ACCESS-Tools wird die Berechnung der in Kapitel 6 aufgestellten Kennzahlen zur Bewertung der Technologie Rapid Prototyping in den unterschiedlichen Ebenen durchgeführt.

7.2 Anwendung des Leitfadens Rapid Prototyping

Das Konzept des Leitfadens Rapid Prototyping basiert, wie in Kapitel 5 beschrieben, auf der systematischen Vorgehensweise des Anwenders bei der Bewertung der Technologie Rapid Prototyping hinsichtlich der Einsatzmöglichkeiten im Produktentwicklungsprozeß. Bei der systematischen Vorgehensweise wird der Anwender des Leitfadens Rapid Prototyping von dem Handbuch unterstützt. Darin wird im Abschnitt „Vorgehensweise" dem Anwender ein optimales Vorgehen vorgeschlagen. Es werden die Fragestellungen des Anwenders, wer den Leitfaden bzw. die einzelnen Komponenten einsetzen soll, was bzw. welches Ziel die einzelnen Komponenten verfolgen und schließlich, wann die einzelnen Komponenten eingesetzt werden müssen, beantwortet.

Die drei Entscheidungsebenen, die in den Komponenten 3, 4 und 5 des Leitfadens behandelt werden, unterscheiden sich beim Einsatz des Leitfadens im Unternehmen durch ihren Zeithorizont, ihre Entscheidungsbasis und ihren Entscheidungsumfang. Für die strategische Entscheidung hinsichtlich des grundsätzlichen Technologieeinsatzes im Rahmen der Produktentwicklung wird auf weniger detaillierte Informationen zurückgegriffen. Diese liegen auch auf einem höheren Abstraktionsgrad. Der Zeithorizont ist hierbei langfristig. Die zyklische Wiederholung liegt deshalb im Bereich von zwei bis drei Jahren. In der taktischen Ebene müssen die Zielsetzungen der strategischen Entscheidung auf Projektebene umgesetzt werden (siehe Abbildung 7-2). Die zu analysierende Produktentwicklung besitzt einen höheren Detaillierungsgrad als die Abschätzung der Potentiale in der strategischen Ebene. In der taktischen Ebene kann entweder eine Grobplanung für ein bevorstehendes Entwicklungsprojekt durchgeführt werden, oder die taktische Bewertung der Einsatzzeitpunkte von körperlichen Modellen erfolgt parallel zu einem Entwicklungsprojekt. Die operative Ebene wird im Sinne der Ergebnisse und Zielsetzungen der taktischen Ebene kurzfristig abgewickelt. Es werden aufgrund der konkreten Bauteilmerkmale die Rapid Prototyping-Prozeßketten hinsichtlich der technischen und wirtschaftlichen Anforderungen bewertet. Die Auftragsabwicklung wird schließlich kurzfristig ausgelöst.

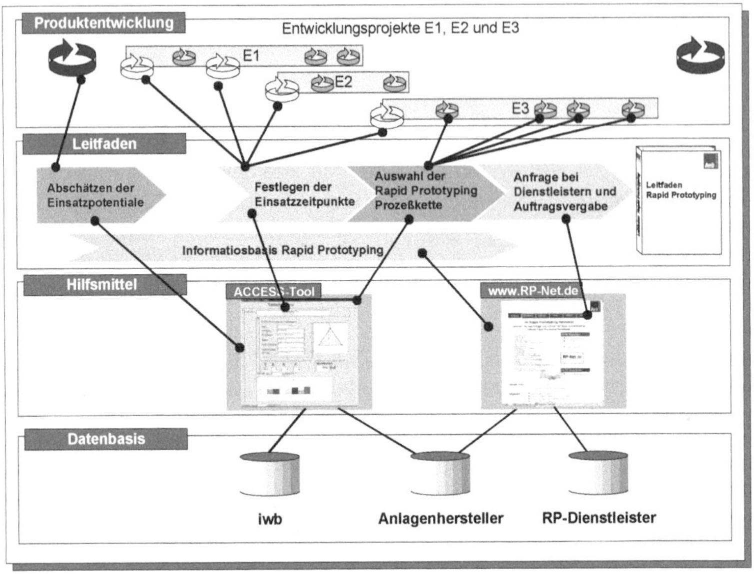

Abbildung 7-2: Anwendung des Leitfadens Rapid Prototyping im Unternehmen

In Abbildung 7-3 ist den einzelnen Komponenten des Leitfadens zugeordnet, wer welche Information von dem Leitfaden zur Verfügung gestellt bekommt und zu welchem Zeitpunkt der Anwender die Komponenten einsetzen muß. Die beiden ersten Komponenten, die Vorgehensweise und der Informationsteil, müssen von allen eingesetzt werden, die am Entwicklungsprozeß teilnehmen. Dies ist vor allem für eine sinnvolle Umsetzung der einzelnen Komponenten zur Bewertung von Rapid Prototyping von Bedeutung. Die Komponente „Einsatzpotentiale" muß in der Regel von Abteilungsleitern bzw. höheren Hierarchieebenen durchgeführt werden, da die strategische Ausrichtung von diesen Personen gestaltet und entschieden wird. Die Festlegung der Einsatzzeitpunkte von körperlichen Modellen erfolgt durch den Projektleiter allein oder in Zusammenarbeit mit den Mitarbeitern der am Entwicklungsprozeß beteiligten Abteilungen. Der Projektleiter kann die Planung der Einsatzbereiche von körperlichen Modellen in den Entwicklungsplan effizient integrieren. Dies betrifft ebenfalls die Ermittlung des Modelltypen. Die Auswahl einer am besten geeigneten Rapid Prototyping-Prozeßkette erfolgt direkt durch den Anwender des körperlichen Modells. Der Anwender kann aufgrund des zuvor festgelegten Modelltyps und der

Zielsetzung des Einsatzes am besten entscheiden, welche Anforderung an das Modell gestellt werden muß, um diese Zielsetzung zu erreichen.

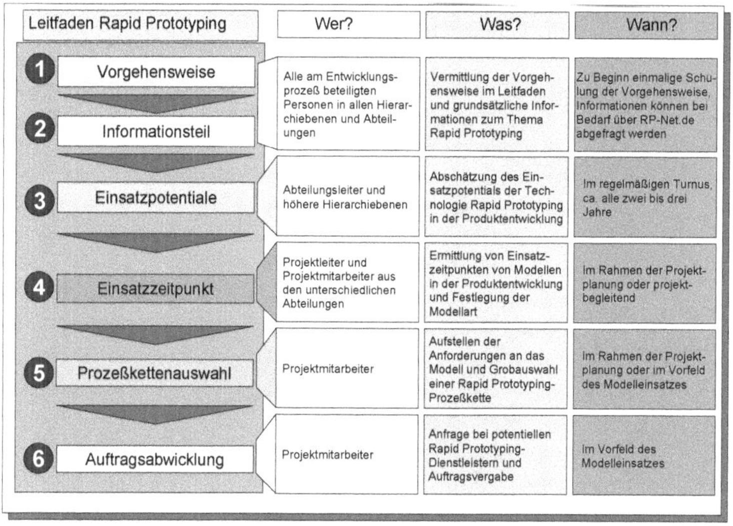

Abbildung 7-3: Einsatz des Leitfadens Rapid Prototyping im Unternehmen

7.3 Leitfaden Rapid Prototyping

In diesem Kapitel wird auf die einzelnen Komponenten des Leitfadens Rapid Prototyping näher eingegangen. Hierzu gehören das Handbuch und die dazugehörigen informationstechnischen Hilfsmittel.

7.3.1 Informationsteil Rapid Prototyping

Im Rahmen des Informationsteils erhält der Anwender die Möglichkeit, sich über den aktuellen technischen Stand der unterschiedlichen Prozeßketten des Rapid Prototyping zu informieren. Neben dem Grundprinzip sind die unterschiedlichen Prozeßketten des Rapid Prototyping beschrieben. Hierzu zählen neben den generativen

Fertigungsverfahren die Folgetechnologien. Die Informationen dienen zum einen dem besseren Verständnis der Technologie, zum anderen auch der besseren Abstimmung mit den unterschiedlichen Dienstleistern.

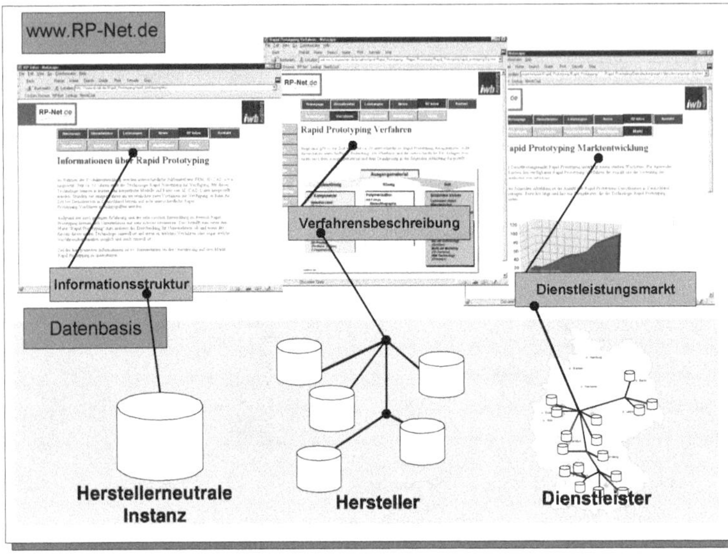

Abbildung 7-4: Informationsteil Rapid Prototyping

Um der Dynamik der Rapid Prototyping-Technologie in Zukunft gerecht zu werden, ist der Informationsteil in ein webbasiertes Informationstool, dem RP-Net, integriert. Durch diesen Ansatz erhält man eine in bezug auf die Inhalte wandlungsfähige Informationsdatenbasis, die den Anforderungen des Marktes gerecht wird. Im Gegensatz zu herkömmlichen Informationstools wird die Datenbasis nicht zentral verwaltet, sondern alle Informationsquellen haben im RP-Net die Möglichkeit, in der vorgegebenen Informationsstruktur aktuelle Informationen abzulegen. Zu den drei Informationsquellen im RP-Net zählen die Hersteller von generativen Fertigungsverfahren und Folgetechnologien, die Rapid Prototyping-Dienstleister und eine herstellerneutrale Instanz (siehe Abbildung 7-4). Die Hersteller können aktuelle Verfahrensangaben und Materialangaben im RP-Net ablegen. Die Dienstleister haben die Möglichkeit, ihr Leistungsspektrum anzubieten und Einsatzbeispiele vorzustellen. Da diese beiden Informationsquellen wesentlich von der Entwicklung des Marktes Rapid Prototyping profitieren, ist eine sehr hohe Aktualität der Daten gewährleistet. Die herstellerneutrale Instanz stellt vor allem die Informationsstruktur zur Verfügung und verwaltet das RP-Net. Die Daten werden von den für die einzelnen Informationsbereiche zuständigen Unternehmen stetig gepflegt. Das erfolgt über den direkten Datenzugriff z.B. auf die Verfahrensangaben durch die Anlagenhersteller. (vgl. *Brandner 1998*)

7.3.2 Einsatzpotentiale

Wie bereits in Kapitel 5 dargestellt, ist der erste Schritt beim Einsatz der Technologie Rapid Prototyping im Produktentwicklungsprozeß die Abschätzung der grundsätzlichen Potentiale, die Rapid Prototyping einem Unternehmen bietet.

Ziel ist es, den Unternehmen eine qualitative Bewertung der allgemeinen Unternehmensrandbedingungen hinsichtlich des Einsatzes der Technologie Rapid Prototyping zu ermöglichen. Hierzu wurde in Kapitel 6.2 bereits eine Kennzahlenstruktur entworfen, die im weiteren ausgearbeitet werden muß. Als die zentrale Kennzahl wird auf Basis der Unternehmensdaten die RP-Kennzahl gebildet. Um die Art des Einsparungspotentials zu bestimmen, werden zusätzlich die Qualitätskennzahl Q, die Zeitkennzahl Z und eine Kostenkennzahl K ermittelt (siehe Abbildung 7-5). Basis der Kennzahlenberechnung sind das strategische Kennzahlensystem, die Ermittlung der Ausprägungen und schließlich die Bewertung der unterschiedlichen Ausprägungen.

In dem Handbuch Leitfaden Rapid Prototyping ist die Zielsetzung und die Vorgehensweise für den Anwender beschrieben. Er erhält zusätzliche Informationen über die grundsätzlichen Einsatzpotentiale von Rapid Prototyping. Um eine Bewertung der Technologie für das Unternehmen zu gewährleisten kann der Anwender mit dem Handbuch die in der strategischen Ebene ermittelten Kennzahlen dokumentieren. Diese Dokumentation dient vor allem der Überprüfung der realisierten Potentiale, einem Technologie-Controlling. Es wird empfohlen, die strategische Ebene und das Technologie-Controlling alle zwei bis drei Jahre zu wiederholen.

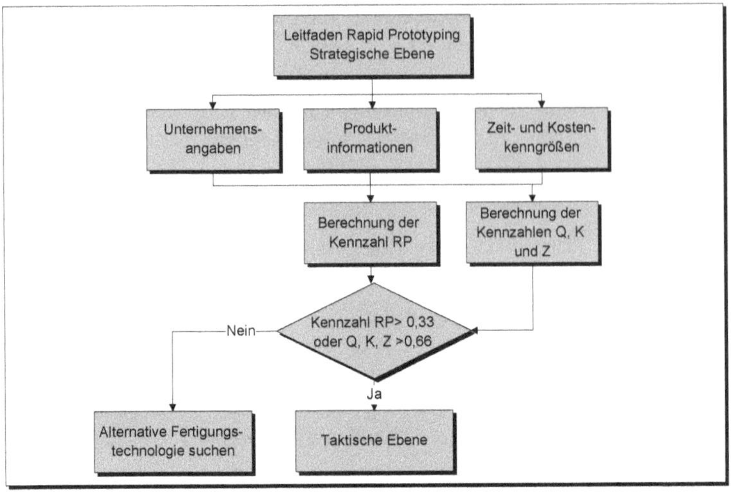

Abbildung 7-5: Vorgehensweise bei der Ermittlung der Einsatzpotentiale

Als Eingangsgrößen dienen vier Aspekte der Produktentwicklung: Das Produktspektrum, Unternehmensrandbedingungen und entwicklungsspezifische Zeit- und Kostenkennwerte des Unternehmens. Als Information in der strategischen Ebene dienen im wesentlichen das Grundprinzip der Technologie Rapid Prototyping, die technologischen Voraussetzungen im Unternehmen, die Einsparungspotentiale und Einsatzbeispiele aus der Industrie. Anhand dieser wenigen Informationen kann die Entscheidung durch die Ermittlung der oben genannten Kennzahlen effizient erfolgen.

Im folgenden wird nun auf die einzelnen Kennzahlen, auf die Ermittlung der Maßzahlen und auf die Gewichtung eingegangen. Ausgangsbasis sind die Unternehmens-, Produkt-, Zeit- und Kostenkennwerte, die in die Kennzahlen K1, K2, K3 und K4 eingehen.

Die Kennzahl K1 stellt eine Bewertung des Unternehmens und der technologischen Randbedingungen im Hinblick auf den Einsatz der Technologie Rapid Prototyping dar (siehe Abbildung 7-6). Hierzu zählen die Merkmale Produktdaten, die Organisationsform, der vorherrschende Produktionstyp und die Branche des Unternehmens. Den unterschiedlichen Merkmalen werden die Maßzahlen M11 bis M14 durch eine Bewertung zugeordnet. Da es sich um eine qualitative Bewertung handelt, ist es ausreichend, die Maßzahlen der einzelnen Ausprägungen unterschiedlicher Merkmale anhand einer vergleichenden Bewertung zu ermitteln, wie sie in Kapitel 5.5.4 näher erläutert wurde. Die Bedeutung der einzelnen Merkmale hinsichtlich des Bewertungsziels wird mit Hilfe der Präferenzmethode berücksichtigt (vgl. Kapitel 5.5).

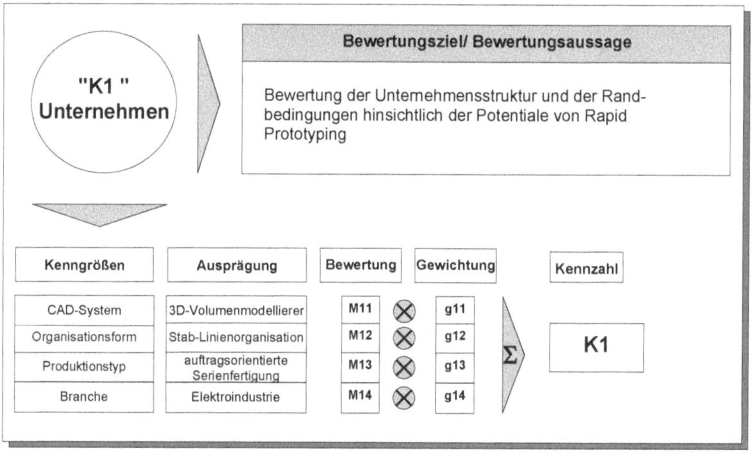

Abbildung 7-6: Ermittlung der Kennzahl K1

Die Berechnung der Kennzahl K2 erfolgt analog der Vorgehensweise zur Ermittlung der Kennzahl K1 (siehe Abbildung 7-7). Im folgenden wird nur kurz auf die einzelnen Bewertungsziele eingegangen. Die Kennzahl K2 hat eine Bewertung der Produkteigenschaften zum Ziel. Hierzu werden die Merkmale Produktart, das Serienfertigungsverfahren und die Produktkomplexität herangezogen. Hier finden das komplette Produkt bzw. einzelne Produktkomponenten Berücksichtigung, die vom Unternehmen selbst entwickelt werden. Im Gegensatz zu den Kennzahlen K1 und K2 werden die Kennzahlen K3 und K4 nicht durch eine vergleichende Bewertung, sondern auf Basis der quantitativen Zeit- und Kostenkenngröße ermittelt. Es wird aus den einzelnen Größen eine Verhältniszahl gebildet, die dann die jeweilige Kennzahl K3 bzw. K4 ergibt.

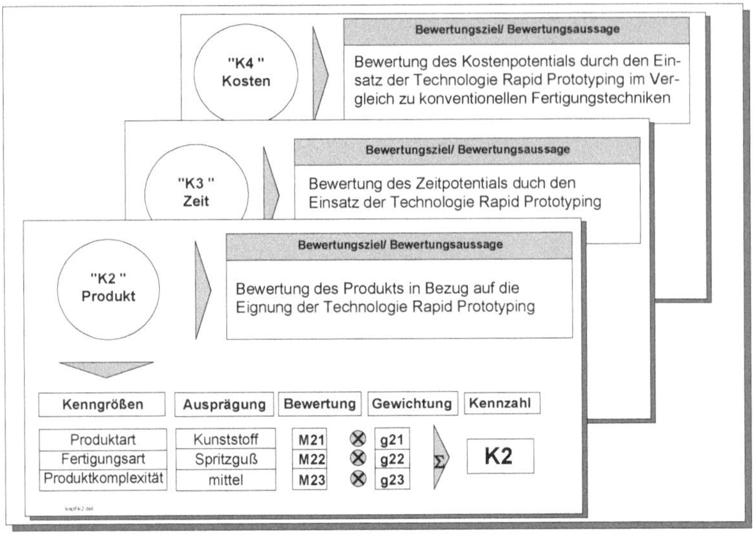

Abbildung 7-7: Ermittlung der Kennzahlen K2, K3 und K4

Die Kennzahl K3 bewertet im wesentlichen die Zeitanteile der Prototypenfertigung an der Produktentwicklung. Aufgrund von mehreren Industrieprojekten und aus der Literatur kann davon ausgegangen werden, daß im Rahmen der Produktentwicklung bis zu 25% der gesamten Entwicklungszeit für die Herstellung von Prototypen aufgewendet wird. Die Herstellkosten für Prototypen liegen bei Anteilen bis zu 10% der Entwicklungskosten (*Eversheim u.a. 1996*). Dieser Zeit- und Kostenanteil wird als Vergleichsgröße zu der Modellherstellzeit bzw. -herstellkosten herangezogen. Ist zum Beispiel das Verhältnis von Modellherstellzeit und 25% der Entwicklungszeit größer als 1, dann wird der Kennzahl K3 die Maßzahl 1 zugeordnet, da dann der bisherige Aufwand für die Modellherstellung in der Entwicklung als sehr hoch eingeschätzt werden kann (vgl. *Gleichung 7-1*). Somit ist auch ein mögliches Einsparungspotential sehr hoch. Falls bislang in dem Unternehmen kein Modell bzw. Prototyp zur Überprüfung von Produkteigenschaften eingesetzt wurde, so können keine Modellherstellkosten angegeben werden. Bei der Modellherstellzeit kann jedoch der Zeitraum vom Abschluß der Konstruktion bis hin zum ersten Muster bzw. der Vorserie herangezogen werden.

$$K3 = \frac{Modellherstellzeit}{25\% * Entwicklungszeit} \quad \text{Für } K3 > 1: K3 = 1 \qquad \textit{Gleichung 7-1}$$

Die Kennzahl K4 faßt die Kostenaspekte zusammen und wird analog wie die Kennzahl K3 ermittelt (s. *Gleichung 7-2*):

$$K4 = \frac{Modellherstellkosten}{10\% * Entwicklungskosten} \quad \text{Für } K4 > 1: K4 = 1 \qquad \textit{Gleichung 7-2}$$

Wie zuvor erläutert, wirken sich die vier Kennzahlen K1-4 hinsichtlich der allgemeinen Bewertungskennzahlen Qualität, Zeit und Kosten unterschiedlich aus. Die Kosten- und Zeitkennwerte von Unternehmen beziehen sich auf die Herstellung von Prototypen bzw. körperlichen Modellen. So hat die Unternehmensstruktur kaum Einfluß auf die Kosten von Prototypen, der Einsatz von Prototypen hat jedoch je nach Unternehmensausprägung einen Einfluß auf den Aspekt Qualität und Zeit. Aus diesem Grund werden die Kennzahlen Q, K und Z mit unterschiedlichen Gewichtungen der einzelnen Kennzahlen K1-K4 berechnet.

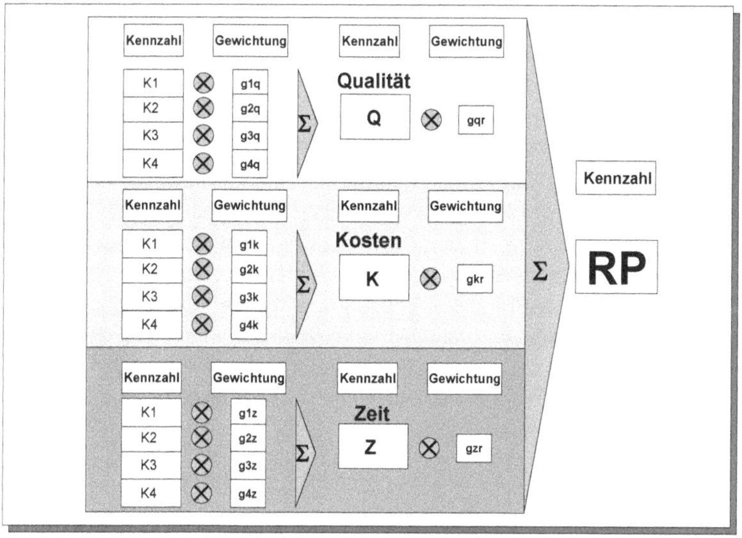

Abbildung 7-8: Ermittlung der Kennzahlen Q, Z, K und RP

Die differenzierte Gewichtung der einzelnen Kennzahlen erfolgt analog zu der in Kapitel 5.5.5 dargestellten Vorgehensweise. Aus den drei Kennzahlen Q, K und Z wird dann die Kennzahl RP berechnet. In Abbildung 7-8 wird die Vorgehensweise zur Berechnung der einzelnen Kennzahlen nochmals im Überblick dargestellt. Neben der qualitativen Bewertung eines Unternehmens hinsichtlich des Einsatzes der Technologie Rapid Prototyping durch Kennzahlen müssen einem Unternehmen die wesentlichen Potentiale auch quantitativ aufgezeigt werden. Bei der strategischen Bewertung sind das die Aspekte Zeit und Kosten. Das Kosten- und Zeitpotential für die Herstellung von Prototypen muß somit abgeschätzt werden.

Die Ermittlung des Zeit- und des Kostenpotentials durch den Einsatz der Technologie Rapid Prototyping stellt eine Abschätzung der möglichen Einsparungen dar. Die Basis bilden wie bereits dargestellt die unternehmens- und projektspezifischen Zeit- und Kostenkennwerte. Diese Abschätzung der Potentiale erfolgt im wesentlichen aufgrund von Untersuchungen bei mehreren Industrieprojekten des iwb und aufgrund von Einsatzbeispielen aus der Industrie (*Geuer 1995, Geuer 1996, Macht 1996*).

Das Zeitpotential ist von drei Faktoren abhängig. Die Prototypenfertigungszeit je Jahr und Unternehmen stellt den absoluten Maßstab dar. Je größer der Wert hierfür ist, desto größer ist auch das maximale Einsparungspotential. Als relative Einflußgrößen sind die Produktkomplexität und die Produktart zu nennen. Sie bestimmen, inwieweit das Einsparungspotential durch die Technologie Rapid Prototyping genutzt werden kann. Diese Kennwerte werden durch die Kennzahl K2 repräsentiert. Bei dem zeitlichen Einsparungspotential je Jahr wird davon ausgegangen, daß bis zu 80% der Prototypenfertigungszeit eingespart werden können (*Geuer 1995*). In Industrieprojekten hat sich weiterhin gezeigt, daß bis zu 60% der Änderungen in einem Entwicklungsprojekt vermieden werden können (*Naber u.a. 1996*). In *Gleichung 7-3* wird das zeitliche Entwicklungspotential berechnet.

$$Einsparungspotential_{Zeit} = t_{fm} \bullet 0{,}8 \bullet K_2 + 0{,}6 \bullet t_{Änderung} \bullet t_{Entwicklung}$$ Gleichung 7-3

t_{fm}: Modellfertigungszeit [Wochen]

$t_{Änderung}$: Anteil des Änderungsaufwands an der Entwicklungsdauer [%]

$t_{Entwicklung}$: Entwicklungsdauer [Wochen]

Das Kostenpotential ist ähnlich dem Zeitpotential von der absoluten Größe der Modellbaukosten je Entwicklungsprojekt und den relativen Einflußgrößen wie die Produktkomplexität und Produktart abhängig. Der Unterschied zu dem Zeitpotential sind die unterschiedlichen Faktoren. Das Kostenpotential in mehreren Fallstudien betrug durchschnittlich 57% der bisherigen Herstellkosten von Prototypen mit konventionellen Fertigungsverfahren (*Geuer 1995*). In *Gleichung 7-4* ist die Abschätzung dargestellt.

$$Einsparungspotential_{Kosten} = k_{fm} \bullet 0{,}57 \bullet K_2 + 0{,}3 \bullet k_{Änderung} \bullet k_{Entwicklung}$$ Gleichung 7-4

k_{fm}: Modellkosten je Entwicklungsprojekt [DM]

$k_{Änderung}$: Anteil der Änderungskosten an den Entwicklungskosten [%]

$k_{Entwicklung}$: Entwicklungskosten [DM]

Die Entscheidung in der strategischen Ebene für den Einsatz der Technologie Rapid Prototyping in der Produktentwicklung eines Unternehmens hängt von der Kennzahl RP ab. Die normierte Kennzahl RP kann in drei Wertebereiche unterteilt werden. Befindet sich die Kennzahl RP im Bereich von 0-0,33 so hat der Einsatz der Technologie Rapid Prototyping nur einen geringen oder keinen Vorteil für das Unternehmen. Im Wertebereich von 0,33-0,66 ist das Einsatzpotential als mittel zu bewerten. Werte über 0,66 bedeuten einen sehr hohen Nutzen. Für die Festlegung der Bereiche wurden zwar harte Grenzwerte gebildet, der Übergang ist jedoch als fließend zu verstehen. Um die Kennzahl RP besser differenzieren zu können, werden die Kennzahlen Q für Qualität der Entwicklung, K für das Kostenpotential und Z für das Zeitpotential ebenfalls dargestellt. Diese Angaben sollen dem Entscheider die Möglichkeit geben, differenziert den Einsatz zu bewerten. Mit Hilfe der Kennzahlen Q, Z und K kann der Anwender feststellen, hinsichtlich welchen Kriteriums das größte Potential zu erwarten ist. Die Kennzahlen Q, Z und K haben den gleichen Wertebereich wie die Kennzahl RP. So ist z.B. das zeitliche Potential bei dem in Abbildung 7-9 dargestellten Beispiel im Vergleich zur Verbesserung der Entwicklungsqualität oder der Kostenvorteile am größten. Die quantitative Abschätzung des Zeit- und des Kostenpotentials wird wie in *Gleichung 7-3* und *Gleichung 7-4* dargestellt berechnet.

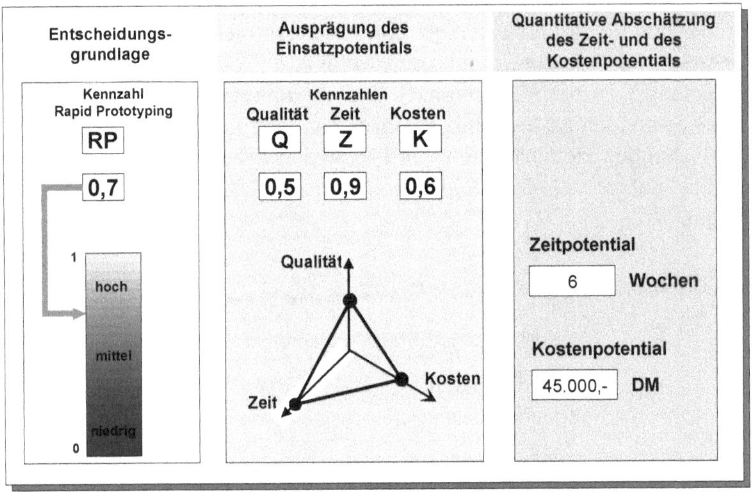

Abbildung 7-9: Entscheidungsgrundlage für den Einsatz von Rapid Prototyping in der Produktentwicklung

7.3.3 Ermittlung der Einsatzbereiche von Modellen

Nachdem in der strategischen Ebene das Einsatzpotential abgeschätzt wurde, muß im Anschluß daran die Ermittlung des Einsatzzeitpunktes von Modellen und die Bestimmung der Modellart erfolgen. In der Komponente „Einsatzzeitpunkte" (vgl. Abbildung 7-3) wird der Anwender unterstützt, die Einsatzzeitpunkte und die Ausprägungen der Modelle in der Produktentwicklung zu planen beziehungsweise zu bestimmen (siehe Abbildung 7-10).

Die Zielsetzung und die Vorgehensweise der taktischen Ebene wird dem Anwender mit dem Handbuch Leitfaden Rapid Prototyping zur Verfügung gestellt. Durch die Anwendungsbeispiele im RP-Net erhält der Anwender zusätzlich Anregungen für den Einsatz von Modellen in der Produktentwicklung. Weiterhin unterstützen ihn entsprechende Formulare zur Dokumentation der Einsatzplanung von körperlichen Modellen in der Produktentwicklung.

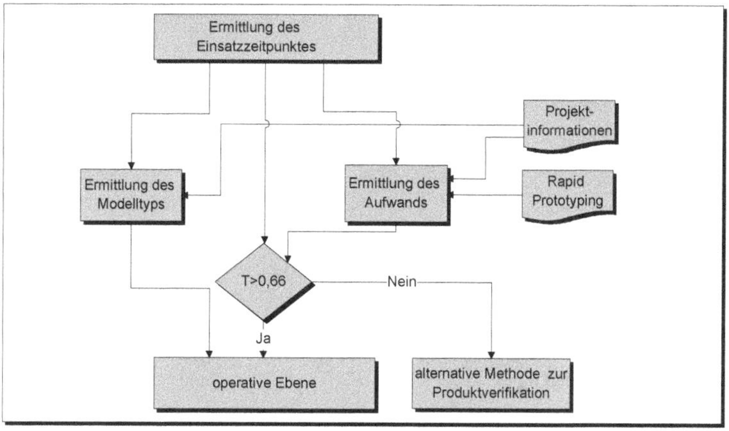

Abbildung 7-10: Vorgehensweise in der taktischen Ebene

Ermittlung der Kennzahl Einsatzzeitpunkt T

Der Einsatzzeitpunkt wird mittels der Kennzahl T ermittelt, die eine qualitative Kennzahl darstellt. Die Ermittlung der Kennzahl T kann entweder vor dem Start eines Produktentwicklungsprojekts oder kontinuierlich im Projektverlauf erfolgen. Hierzu können unter Umständen Meilensteine oder kritische Projektzeitpunkte und Besprechungen herangezogen werden. In die Kennzahl T fließen u.a. die Größen Absicherungsbedarf, Entwicklungsart und die Anzahl der Mitarbeiter ein. Mit Hilfe von Präferenzmatrizen und einer normierten Gewichtung wird der Einfluß der unterschiedlichen Merkmale festgelegt und bewertet (vgl. Kapitel 5.5.5).

Als die drei wesentlichen Einflußgrößen für die Entscheidung für oder gegen einen Einsatz der Technologie Rapid Prototyping im Rahmen einer Produktentwicklung sind der Anwender der Technologie, die

Zielsetzung des Modelleinsatzes und allgemeine Projektinformationen zu nennen. Beim Anwender oder Nutzer sind vor allem seine Position im Unternehmen und seine Abteilung von Bedeutung. Bei der Position des Modellnutzers gilt es zu betrachten, wie nah er am täglichen Entwicklungsprozeß arbeitet, bzw. wie tief sein Fachwissen für das zu entwickelnde Produkt ist. Die Art der Ausprägung des Merkmals Abteilung dient vor allem der Bewertung, welche Art von Modellen benötigt wird, aber auch die Notwendigkeit von körperlichen Modellen ist abhängig von der Abteilung, die den Modelleinsatz veranlaßt.

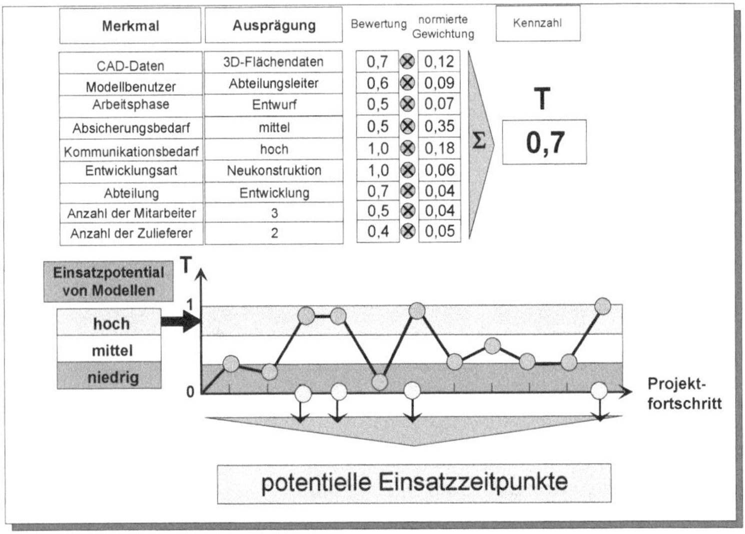

Abbildung 7-11: Ermittlung der Kennzahl T

Die Zielsetzung des Modelleinsatzes kann u.a. mit den Kriterien Kommunikationsbedarf und Absicherungsbedarf beurteilt werden. Diese Aspekte können in der Regel von den Mitarbeitern sehr gut eingeschätzt werden. Als technologische Voraussetzung ist in der taktischen Ebene nur die Ausprägung der CAD-Daten von Bedeutung. Denn der effiziente Einsatz der Technologie Rapid Prototyping ist stark von der Qualität der CAD-Daten abhängig. Liegen z.B. nur 2D-Skizzen vor, so müssen diese 2D-Daten, wie bereits in Kapitel 3 beschrieben, in 3D-Daten umgewandelt werden, was einen erhöhten Aufwand bedeutet.

Festlegung des Modelltyps

Ist der Einsatzzeitpunkt bestimmt, erfolgt die Festlegung des Modelltyps. Im Rahmen des Leitadens Rapid Prototyping werden nur Modellarten verwendet, die der Anwender direkt einsetzt. Als Modelltypen werden nach Geuer das Anschauungsmodell, das Funktionsmodell und das Kommunikationsmodell verwendet (*Geuer 1996*). Das Prozeßmodell wird in dieser Betrachtung nicht berücksichtigt, da das Prozeßmodell u.a. Folgeprozessen wie dem Feingießen als Urmodell dient. Das Ergebnis dieses Folgeprozesses ist jedoch wiederum ein Modell, welches bei dem Anwender in der Regel als Funktionsmodell dient.

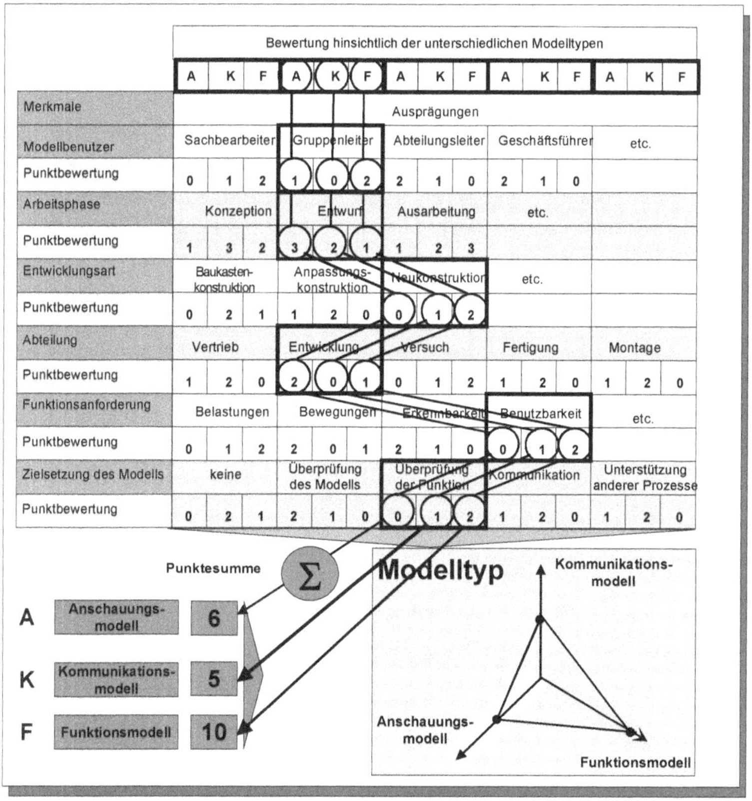

Abbildung 7-12: Ermittlung des Modelltyps

Zur Ermittlung des Modelltyps werden aus den bereits oben beschriebenen Einflußgrößen diejenigen herangezogen, die sich auf den Modelltyp wesentlich auswirken. Hierzu werden die einzelnen Ausprägungen je Bewertungskriterium mittels einer Punktebewertung hinsichtlich der drei Modellarten bewertet. Die Modellart, die für eine Ausprägung am bedeutendsten ist, erhält einen Punkt, sobald die Ausprägung eintritt. Im Rahmen der Ermittlung der Modellart wird keine Modellart definitiv ausgewählt, sondern mit Hilfe einer grafischen Darstellung, wie in Abbildung 7-12 dargestellt, soll der Anwender eine Unterstützung hinsichtlich des Modellschwerpunkts erhalten. Eine eindeutige Zuordnung ist oft nicht möglich.

Bestimmung des Modellaufwands

Da bei allen RP-Prozeßketten die Herstellung einer Bauteils mit einem generativen Fertigungsverfahren hergestellt wird, werden zur Abschätzung des Modellaufwands als Basis die Kosten für ein Modell ermittelt, das mit einem generativen Fertigungsverfahren hergestellt wird. Auf den monetären Aufwand hat vor allem die Bauteilgröße einen Einfluß. Bei generativen Fertigungsverfahren ist die Bauzeit zum einen abhängig von der Bauteilhöhe, was die Anzahl der Schichten beeinflußt, zum anderen von dem z.B. auszuhärtenden Material als dem Bauteilvolumen. Die Basiskosten lassen sich nach einer einfachen Faustformel ermitteln (siehe *Gleichung 7-5*). Hier gehen das Bauteilvolumen und die Bauteilhöhe als Produktinformationen ein. Die durchschnittlichen spezifischen Kosten je Flächeneinheit und die Schichtdicke als Technologieinformationen bilden die Kostensätze. In der folgenden Gleichung wird für die einzelnen Bauteilgrößen eine Funktion für die Basiskosten dargestellt.

$$Bauteilkosten = V_G \times K_{Volumen} + H \times K_{Höhe} + K_{Fix} \qquad \text{Gleichung 7-5}$$

V_G: Bauteilvolumen [mm³]

$K_{volumen}$ Spez. Volumenkosten [DM/mm³]

$K_{Schicht}$ Spez. Schichtkosten [DM/mm]

K_{Fix} Fixkosten je Auftrag [DM]

Die spezifischen Volumenkosten, die Schichtkosten und die Fixkosten, $K_{Volumen}$ und $K_{Schicht}$ und K_{Fix}, wurden auf Basis eines Vergleichstests, mehrerer Dienstleistungsaufträgen und einer Prozeßkostenrechnung ermittelt. Die Basiskosten dienen dem Anwender zur Abschätzung des Modellaufwands mit Hilfe der Stückzahlfunktionen.

Der gesamte monetäre Aufwand ist im weiteren von der Stückzahl abhängig. Die Stückzahlfunktionen in Abhängigkeit des Modellmaterials für die Abschätzung des Zeit- und Kostenaufwands sind in Abbildung 7-13 dargestellt. Um die Prototypenkosten zu ermitteln, müssen die Bauteilkosten mit der Stückzahlfunktion s(n) multipliziert werden (vgl. *Gleichung 7-6*). Der zeitliche Aufwand, in diesem Fall die Lieferzeit, ist aufgrund der Fertigungstechnologie ausschließlich von der Stückzahl abhängig (siehe *Gleichung 7-7*). Die Zeitfunktion t(n) basiert auf Untersuchungen eines Vergleichstests und der Auswertung mehrerer Industrieprojekte, die vom iwb durchgeführt wurden (*Macht 1997*). Es wurde auf Basis von insgesamt 76 Angeboten von Rapid Prototyping-Dienstleistern eine Stückkostenrechnung durchgeführt und für höhere Stückzahlen extrapoliert.

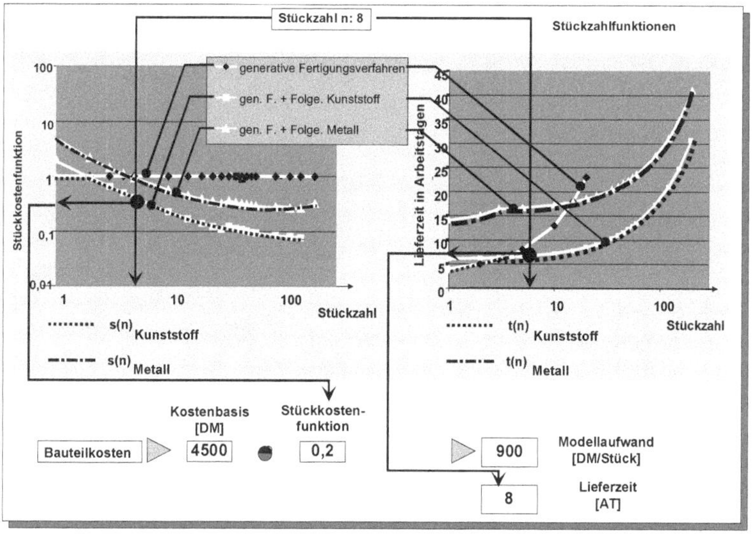

Abbildung 7-13: Aufwandsabschätzung auf Basis der Stückzahl und der Bauteilkosten

Für die Aufwandsabschätzung ergibt sich somit:

$$\text{Stückkosten} = \text{Bauteilkosten} \times s(n)$$ *Gleichung 7-6*

$$\text{Lieferzeit} = t(n)$$ *Gleichung 7-7*

Diese Aufwandsabschätzung dient als weitere Entscheidungshilfe, um neben den qualitativen Kennzahlen T und der Modellart eine quantitative Kennzahl hinsichtlich der wirtschaftlichen Faktoren Zeit und Kosten zu erhalten.

7.3.4 Bewertung und Auswahl der Rapid Prototyping-Prozeßketten

Nachdem in der taktischen Ebene der Einsatzzeitpunkt und die Modellart ermittelt und schließlich der Modellaufwand abgeschätzt wurden, muß im Laufe eines Entwicklungsprojekts die am besten geeignete Rapid Prototyping-Prozeßkette ausgewählt werden. Dies ist die wesentliche Zielsetzung der operativen Ebene. Die grundsätzliche Vorgehensweise bei der Auswahl von RP-Prozeßketten baut zunächst auf den Ergebnissen der taktischen Ebene auf (siehe Abbildung 7-14).

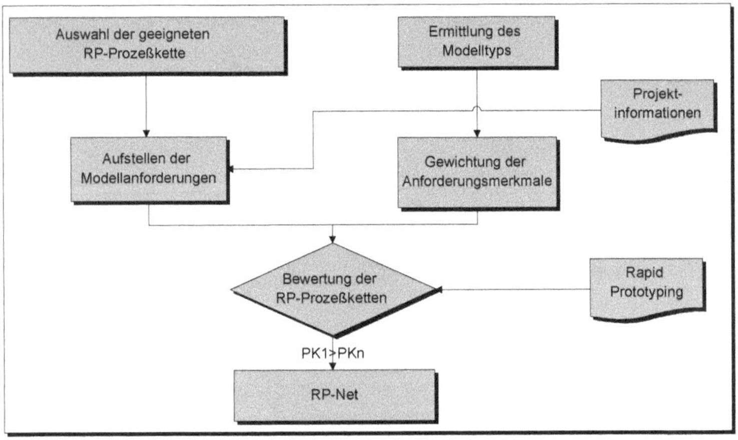

Abbildung 7-14: Vorgehensweise bei der Auswahl von Rapid Prototyping-Prozeßketten

Von den Modelltypen wird zunächst die Gewichtung der einzelnen Bewertungskriterien der operativen Ebene abgeleitet. Mit Hilfe dieser Gewichtung und einer unscharfen Bewertung der einzelnen Kriterien erfolgt eine Auswahl der am besten geeigneten Prozeßketten zur Herstellung von körperlichen Modellen.

Im ersten Schritt werden für das Bauteil die Ausprägungen der Anforderungen der einzelnen Merkmale ermittelt. Aufgrund der unterschiedlichen Einsatzbereiche von körperlichen Modellen müssen die einzelnen Anforderungsmerkmale hinsichtlich ihrer Bedeutung gewichtet werden. Hierzu erfolgt eine differenzierte Bewertung der Merkmalsgewichtung in Abhängigkeit von dem Modelltyp, der in der taktischen Ebene ermittelt wurde. Diese Gewichtung der Modelleigenschafften erfolgt nur für die Hauptkriterien. Die Gewichtungen basieren auf eigenen Untersuchungen und einer Studie der Fraunhofer Gesellschaft (*Nöken &Geiger 1993, Geuer 1995, Macht 1997*).

	Modellarten		
	Anschauungs-modell	Kommuni-kationsmodell	Funktions-modell
	Gewichtung der Anforderungen		
Geometrie	0,24	0,48	0,24
Material	0,12	0,16	0,48
Oberfläche	0,16	0,12	0,16
Auftrag	0,48	0,24	0,12

Abbildung 7-15: Beispielhafte Gewichtung der Anforderungen in Abhängigkeit von den eingesetzten Modelltypen

Bei der Bewertung von Rapid Prototyping-Verfahren werden Grundkriterien herangezogen, die bereits von Otto Kienzle in den 50er Jahren vorgeschlagen wurden, jedoch von ihrer Aktualität nichts eingebüßt haben. Hierzu zählt die Haupttechnologie, die im wesentlichen die technologischen Möglichkeiten eines Fertigungsverfahrens beschreibt, die Fehlertechnologie, welche die Risiken und Fehlermöglichkeiten eines Verfahrens bewertet, und zuletzt die Wirtschaftlichkeit, die neben den Kosten auch die Mengenleistung eines Verfahrens berücksichtigt (siehe Abbildung 7-16) (*Tönshoff 1995*).

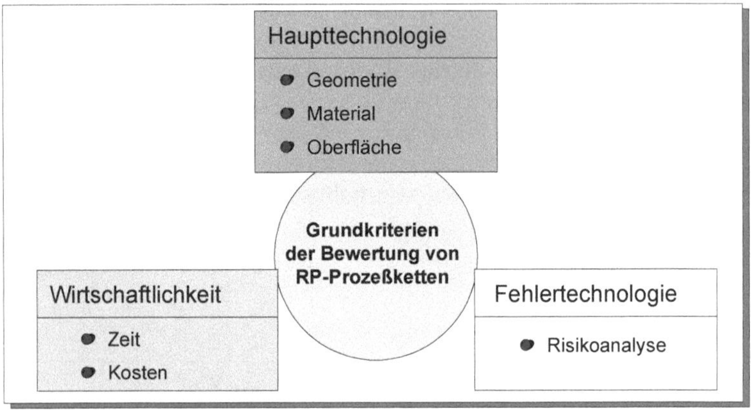

Abbildung 7-16: Grundkriterien der Bewertung von Rapid Prototyping-Prozeßketten

Zur Ermittlung der Anforderungen an das körperliche Modell wird eine strukturierte Anforderungsabfrage durchgeführt, die von dem jeweiligen Modelltypen abhängig ist. Bereits in der taktischen Ebene wurde ein Modelltyp für den jeweiligen Einsatzzeitpunkt spezifiziert. Dieser Grobspezifikation folgt eine weitere Feinspezifikation des Modelltypen. Je nach Feinspezifikation werden dann die Gewichtungen der Anforderungsmerkmale festgelegt, wie zuvor in Abbildung 7-15 dargestellt. Die Gewichtungen basieren auf einer nicht veröffentlichten Studie des iwb mit mehrern Industriepartnern.

Auf Basis der einzelnen Anforderungen werden, wie in Kapitel 6 beschrieben, einzelne Kennzahlen zur Bewertung und Auswahl der Rapid Prototyping-Prozeßketten berechnet. Bevor auf die einzelnen gebildeten Kennzahlen eingegangen wird, sollen zunächst die im Rahmen der vorliegenden Arbeit verwendeten Begriffe der Prozeßkette definiert und die Zusammenhänge der einzelnen Kennzahlen mit der Prozeßkette dargestellt werden. So beziehen sich die Geometrie- und die Materialkennzahl nur auf die Prozeßschritte der generativen Fertigungsverfahren in Kombination mit den Folgetechnologien (siehe Abbildung 7-17). Die Oberflächenkennzahl hingegen kann gezielt durch entsprechende Nachbearbeitungsverfahren verbessert werden. Diese Möglichkeit hängt jedoch wiederum stark von dem eingesetzten generativen Fertigungsverfahren oder der entsprechenden Fertigungstechnologie ab.

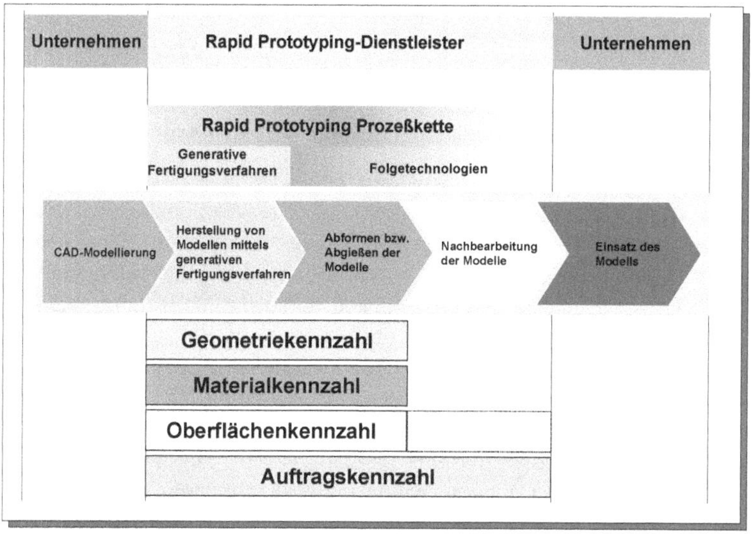

Abbildung 7-17: Zuordnung der operativen Kennzahlen zu der Prozeßkette Rapid Prototyping

Haupttechnologie

Die Haupttechnologie wird durch die Hauptkriterien Geometrie, Material und Oberflächeneigenschaften bestimmt. Den Hauptkriterien sind einzelne Subkriterien zugeordnet. Im folgenden werden nun die einzelnen Haupt- und Subkriterien näher beschrieben. Ziel ist es, mit Hilfe einiger weniger Kriterien eine effiziente und zielgerichtete Prozeßkettenauswahl zu ermöglichen. Als Datenbasis dienten neben den Verfahrensangaben der Anlagenhersteller ein am iwb durchgeführter Vergleichstest und mehrere Industrieprojekte (*Macht 1997*).

Geometriekennzahl G

Im Gegensatz zu anderen Fertigungsverfahren gibt es bei der Technologie Rapid Prototyping kaum geometrische Restriktionen. Somit kann man mit Hilfe einiger weniger Kenngrößen die Geometriekennzahl ermitteln. Die Geometriekennzahl setzt sich aus der absoluten Genauigkeit, den maximalen Abmessungen und dem kleinsten abzubildenden Geometrieelement eines Verfahrens zusammen. Diese einzelnen Kennzahlen werden mit unterschiedlichen Wertfunktionen ermittelt. Bei der Gewichtung der einzelnen Merkmale wird zunächst eine aus mehreren Projekten stammende Gewichtung der einzelnen Kennzahlen zur Berechnung der Geometriekennzahl verwendet.

Liegen für die einzelnen Subkriterien Zahlenwerte vor, so wird mittels einer Wertfunktion eine Maßzahl ermittelt. Die Wertfunktionen werden hierbei durch drei charakteristische Punkte beschrieben. Eine untere Grenze, ein Idealwert und eine obere Grenze. Die maximalen Abmessungen eines Bauteils werden zunächst durch die Maße Länge, Breite und Höhe angegeben. Die Länge und Breite eines Bauteils sind hierbei vertauschbar. Die Höhe muß eindeutig zugeordnet sein. Mit Hilfe der Wertfunktionen der einzelnen Abmessungen werden die Maßzahlen für diese Kriterien ermittelt. Ist das Verhältnis von Soll- und Ist-Wert kleiner „1“ so wird der Prozeßkette eine Maßzahl von „1“ zugewiesen. Ist das Verhältnis größer als eins, so nimmt die Maßzahl linear ab. Die obere Grenze ist, wie in Abbildung 7-18 dargestellt, das Vierfache des Bauraums eines Verfahrens. Dies ist darin begründet, daß große Modelle in der Praxis oft miteinander verklebt werden. Ab einer Größe, die jedoch mehr als das Zweifache des Bauraums überschreitet, wird die RP-Technologie unwirtschaftlich, sobald die Bauteilkomplexität andere Fertigungsverfahren zuläßt. Ist das Bauteil zum Beispiel viermal so groß wie der Bauraum eines generativen Fertigungsverfahrens, so erhält das Verfahren die Maßzahl "0". Somit wird man der Tatsache gerecht, daß auch Modelle hergestellt werden können, die größer als der Anlagenbauraum sind. Bei den Merkmalen Fertigungstoleranz und kleinstes Geometrieelement verläuft die Wertfunktion anders. Da diese Werte sogenannte Mindestwerte darstellen, sind die Wertfunktionen für die einzelnen Werte wie in Abbildung 7-18 dargestellt für Verhältniszahlen größer als 1 auf "1" gesetzt.

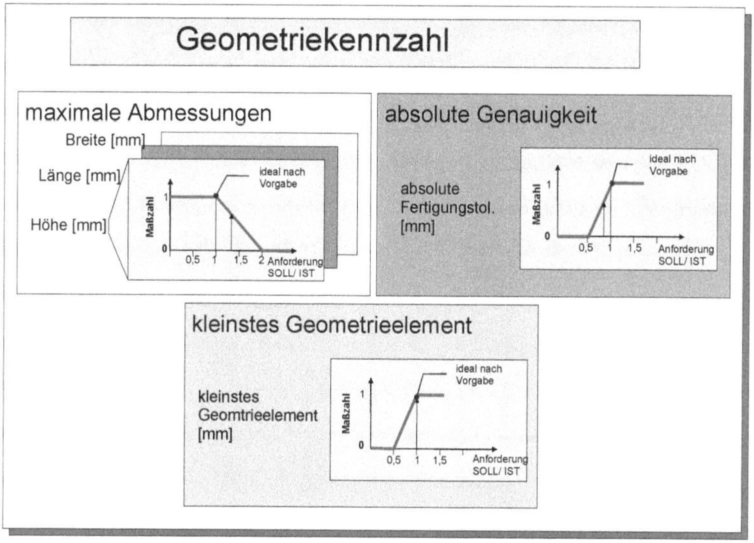

Abbildung 7-18: Maßfunktionen der Geometriesubkriterien

Materialkennzahl M

Die Materialkennzahl läßt sich zunächst in die Unterkennzahlen der mechanischen, der thermischen und der chemischen Kennzahl unterteilen. Um Produkte hinsichtlich dieser Kenngrößen zu bewerten, genügt in der Regel eine Auswahl von Kennwerten, die sich z.B. der mechanischen Kennzahl zuordnen lassen. Hierzu gehört die Zugfestigkeit, die Kerbschlagzähigkeit und der E-Modul. Zu den thermischen Kenngrößen sind vor allem die Formbeständigkeit und der Ausdehnungskoeffizient zu nennen. Weiterhin werden die Klimabeständigkeit und die chemische Beständigkeit berücksichtigt. Ähnlich wie bei der Geometriekennzahl haben auch diese unterschiedlichen Unterkennzahlen eine unterschiedliche Bedeutung bei der Auswahl der Rapid Prototyping-Prozeßkette. Das hat verschiedene Gewichtungsfaktoren zur Folge, die mittels Präferenzmatrizen ermittelt und in die Berechnung der Kennzahl M, wie in Abbildung 7-19 dargestellt, einfließen.

Oberflächenkennzahl O

Bei der Oberflächenkennzahl handelt es sich nicht allein um eine Kennzahl, die von dem eingesetzten Material abhängig ist, sondern die vielmehr durch den eigentlichen Bauprozeß und die mögliche Nachbearbeitung bestimmt wird. Hier spielen bei der Auswahl nur die Oberflächenrauhigkeit, die Oberflächenhärte und die Farbe bzw. Transparenz einer Prozeßkette eine Rolle.

Bewertung der Wirtschaftlichkeit mit Hilfe der Auftragskennzahl A

Unter der Auftragskennzahl A sind die Kriterien zusammengefaßt, die Auswirkungen auf die Aspekte Zeit und Kosten haben. Neben den Angaben zu der Lieferzeit und den Kosten haben auch die Ausprägungen der Produktdaten einen Einfluß auf die Auftragsabwicklung.

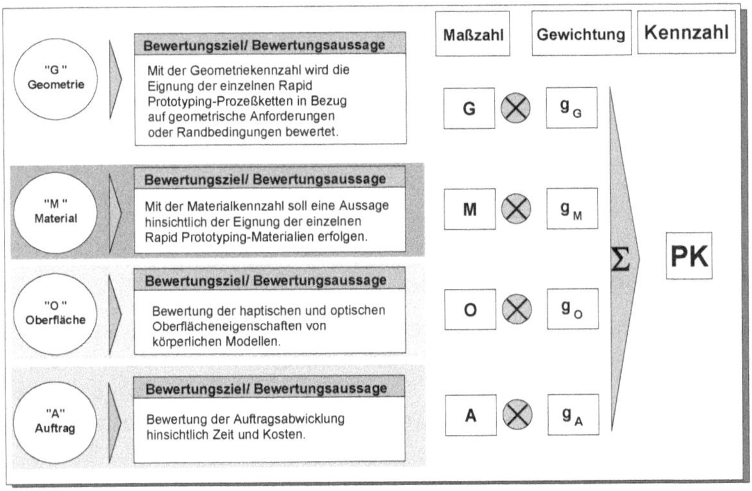

Abbildung 7-19: Kennzahlenberechnung in der operativen Ebene

Fehlertechnologie

Da es sich bei Rapid Prototyping noch um eine sehr junge Fertigungstechnologie handelt, kann das zu erzielende Ergebnis von dem Anwender selten im vorhinein abgeschätzt werden. Die erreichbaren Eigenschaften der Modelle können mit Hilfe der Haupttechnologie und der Wirtschaftlichkeit hinreichend bewertet werden. Für einen Einsatz in der Praxis genügt diese Bewertung oft nicht aus, da die Rapid Prototyping-Prozeßketten hinsichtlich mancher Kriterien eine Unsicherheit aufweisen. Bei bestimmten Geometrien können sich z.B. die Fertigungstoleranzen deutlich verändern (*Macht 1997*). Um hierfür dem Anwender eine Unterstützung zu geben, wird in bezug auf die einzelnen Bewertungskriterien wie der Geometrie- und Materialkennzahl eine Risikoabschätzung für die mit Hilfe der Haupttechnologie und der Auftragskennzahl ausgewählten Rapid Prototyping-Prozeßketten durchgeführt. Diese Risikoabschätzung unterstützt den Anwender vor allem bei der Zusammenarbeit mit dem Dienstleister.

Zur Bewertung der Risikofaktoren muß das Bauteil unterschiedlichen Bauteiltypen zugeordnet werden. Ein Bauteiltyp kann durch die Massivität, die Filigranität und die Gestrecktheit beschrieben werden. Diese Unterteilung nach den drei oben genannten Gestaltmerkmalen lehnt sich an eine verfahrensneutrale Gestaltbeschreibung an (*Pacyna u.a. 1982*), die im Bereich der Kalkulation für Gußteile eingesetzt wurde (siehe *Gleichung 7-8*, *Gleichung 7-9* und *Gleichung 7-10*). Die einzelnen Gestaltmerkmale können zum einen über die folgenden Formeln beschrieben oder, wie in Abbildung 7-20 dargestellt, durch Auswahl ähnlicher Bauteile bestimmt werden. Die Formeln für die einzelnen Gestaltmerkmale wurden auf einen Wertebereich von 0-1 normiert.

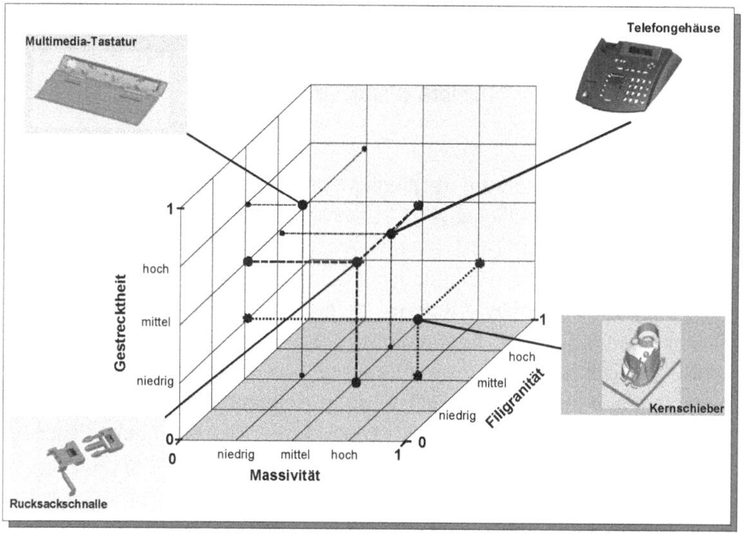

Abbildung 7-20: Gestaltmerkmale am Beispiel von 4 unterschiedlichen Bauteilen

$$M = 1 - \log\left(\frac{a \bullet b \bullet c}{V_G}\right) \div 2$$ *Gleichung 7-8*

$$F = \log\left(\frac{\sqrt[3]{V_G}}{d_m}\right) \div 2$$ *Gleichung 7-9*

$$G = \log\left(\frac{\sqrt[3]{a^2 + b^2 + c^2}}{\sqrt{3} * \sqrt[3]{V_G}}\right)$$ *Gleichung 7-10*

M:	Massivität
F:	Filigranität
G:	Gestrecktheit
V_G:	Bauteilvolumen [cm³]
V_U:	Volumen der Boundary-Box
a, b, c:	Kantenlängen der max. Bauteilabmessungen
d_m:	mittlere Wanddicke [cm]

Unter Betrachtung der unterschiedlichen Gestaltmerkmale werden die jeweiligen Risiken bezüglich der Faktoren Geomterie und Material bewertet. In Abbildung 7-21 ist die Risikobewertung hinsichtlich dem Merkmal Geometrie in Abhängigkeit vom Geometrietyp exemplarisch dargestellt. Die Risikobewertung wurde auf Basis einer Untersuchung an 30 einzelnen Bauteilen durchgeführt, die im Rahmen eines Vergleichstests am iwb und in Zusammenarbeit mit mehreren Dienstleistern hergestellt wurden (*Macht 1997*). Für die Aspekte Material und Oberfläche werden dem Anwender Informationen über die potentiellen Risiken der einzelnen Rapid Prototyping-Prozeßketten zur Verfügung gestellt.

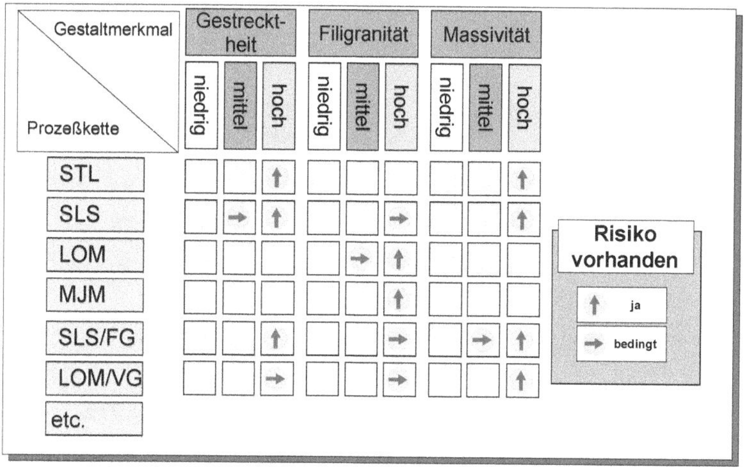

Abbildung 7-21: Risikobewertung der einzelnen Rapid Prototyping-Prozeßketten

7.3.5 Auftragsabwicklung

Nach der Auswahl der am besten geeigneten Prozeßkette zur Herstellung von körperlichen Modellen muß abschließend der Kontakt zu einem Dienstleister hergestellt werden. Für diesen Zweck wurde das RP-Net (www.RP-Net.de) konzipiert (*Brandner 1998*). Ziel ist es, mit Hilfe des RP-Net eine Anfrage an eine Vielzahl von Dienstleistern zu stellen. Eine Auswahl kann unter Umständen nach regionalen oder technologischen Gesichtspunkten erfolgen. Mit Hilfe von unterschiedlichen Anfrageformularen kann der Anwender die Spezifikationen des Modells, das RP-Verfahren und den Einsatzbereich angeben. Neben den Angaben kann er auch die Bauteildaten, sofern sie vorhanden sind, z.B. in Form von STL-Daten an die Anfrage anhängen. Diese Anfrage kann sofort von den vom Anwender ausgewählten Dienstleistern bearbeitet werden. (*Brandner 1998*) Auf die Anfrage hin kann der Dienstleister ein Angebot abgeben. Hierbei bezieht er sich auf die vom Anwender erstellte Anfrage. Ergeben sich Änderungen in bezug auf die Anfrage, so werden diese Änderungen gesondert markiert. Auf Basis der einzelnen Angebote, die der Anwender von den Dienstleistern erhält, kann dann der Anwender die Auftragsvergabe auslösen.

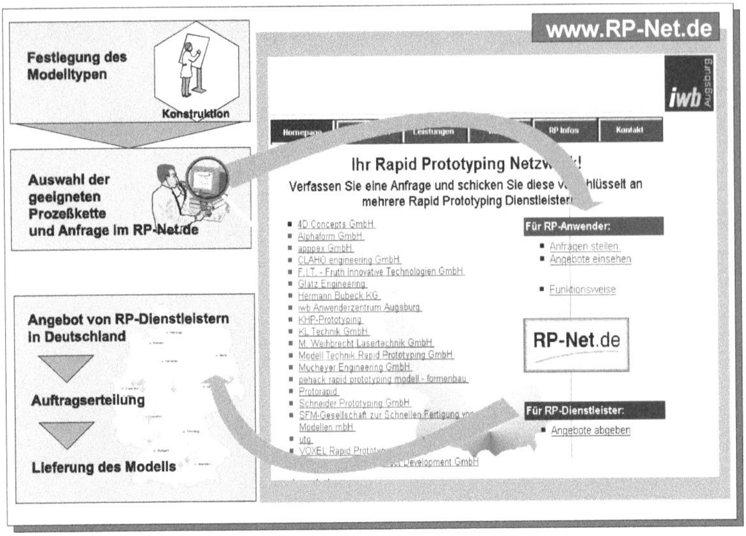

Abbildung 7-22: Abwicklung der Prozeßkette Rapid Prototyping mit Hilfe des RP-Net

7.4 Integration des Leitfadens Rapid Prototyping in Unternehmen

Nach der Beschreibung der einzelnen Komponenten wird nun kurz auf die Integration des Leitfadens in das Unternehmen eingegangen. Eine neue Methode muß in den bestehenden Entwicklungsprozeß integriert werden. Für den Leitfaden Rapid Prototyping wird eine dreistufige Vorgehensweise vorgeschlagen (siehe Abbildung 7-23).

In der ersten Stufe werden die Mitarbeiter in der grundsätzlichen Vorgehensweise des Leitfadens Rapid Prototyping geschult. Diese Schulung besteht aus einer Vortragsveranstaltung in der die Mitarbeiter Informationen über die Technologie Rapid Prototyping erhalten und mit der Zielsetzung der einzelnen Komponenten vertraut gemacht werden. Zwar können diese Informationen auch über das RP-Net bezogen werden, es hat sich jedoch gezeigt, daß ein Seminar zur Schulung auf eine höhere Akzeptanz bei den Mitarbeitern stößt.

In der zweiten Stufe müssen die Anwender vor allem in der taktischen und der operativen Ebene den Einsatz des Leitfadens erlernen. Dies kann an einem aktuellen Entwicklungsprojekt erfolgen. Grundsätzlich kann der Anwender den Leitfaden auf Basis der Schulung nutzen. Die Betreuung der Einführung des Leitfadens durch einen externen Technologieberater wird jedoch gerade bei komplexeren Entwicklungsstrukturen empfohlen. Dies erhöht zwar den Aufwand, jedoch steigert es auch die Effizienz der Umsetzung des Leitfadens Rapid Prototyping.

Aufgrund der Erfahrung aus mehreren Beratungsprojekten ist abschließend eine Überprüfung der Arbeitsergebnisse durch einen externen Berater beim erstmaligen Anwenden des Leitfadens Rapid Prototyping sinnvoll.

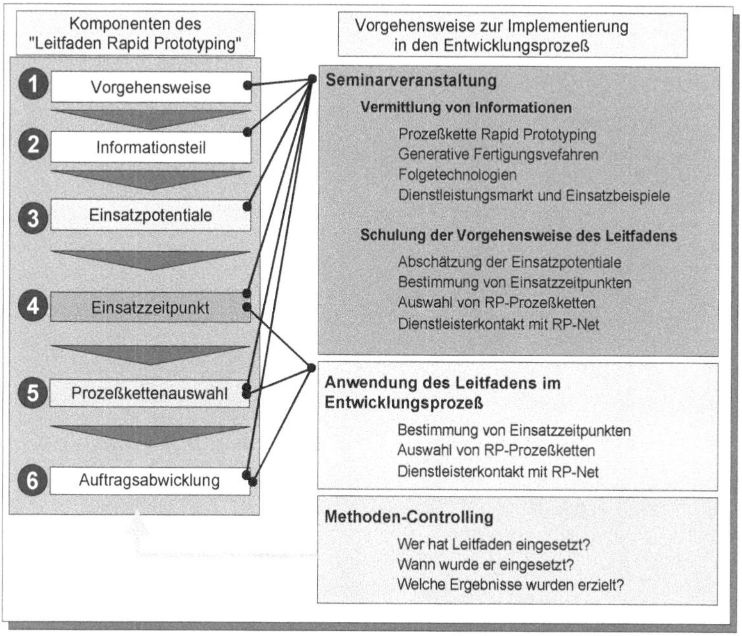

Abbildung 7-23: Vorgehen zur Implementierung des Leitfadens Rapid Prototyping

8 Verifikation des Leitfadens Rapid Prototyping an einem Praxisbeispiel

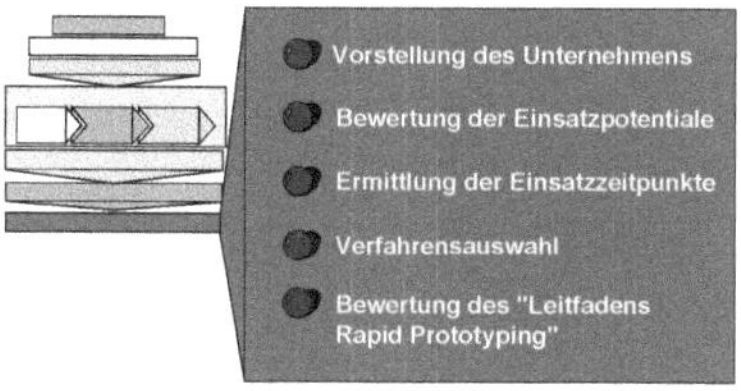

Im Kapitel 8 wird abschließend auf den beispielhaften Einsatz des Leitfadens und die Verifikation des Kennzahlenmodells eingegangen. Ziel dieses Kapitels ist es, an einem Praxisbeispiel die Vorgehensweise des Leitfadens Rapid Prototyping zu überprüfen, die Kennzahlen der einzelnen Ebenen anhand eines Beispiels zu verifizieren und auf die unterschiedlichen Aspekte beim Einsatz im Unternehmen einzugehen. Als Beispiel wird ein am iwb durchgeführtes Industrieprojekt herangezogen.

8.1 Unternehmens- und Projektbeschreibung

Die Überprüfung der Methode des Leitfadens Rapid Prototyping und des Kennzahlensystems Rapid Prototyping erfolgt am Beispiel eines Industrieprojektes des iwb in Zusammenarbeit mit einem Automobilzulieferer. Ziel des Projekts war es, die Technologie Rapid Prototyping im Unternehmen einzuführen, den Einsatz von körperlichen Modellen zu planen und für den jeweiligen Einsatz der Rapid Prototyping-Technologie eine optimale Prozeßkette auszuwählen. Zusätzlich sollte die Beschaffung von Modellen bzw. Prototypen verbessert werden. Im Rahmen des Projekts wurde das Konzept des Leitfadens Rapid Prototyping umgesetzt und in das Unternehmen integriert. Hierzu erfolgte eine Durchführung der einzelnen Komponenten gemeinsam mit Mitarbeitern des Unternehmens und mehreren Rapid Prototyping-Dienstleistern. Im ersten Schritt wurde im Unternehmen beispielhaft der Getriebeentwicklungsprozeß betrachtet und an einem konkreten Entwicklungsprojekt die Vorgehensweise des Leitfadens Rapid Prototyping erprobt.

Konkret wurde das Entwicklungsprojekt einer Antriebskomponente untersucht. Der Schwerpunkt des Projekts lag bei der Entwicklung eines neuen PKW-Getriebes. Der Entwicklungsumfang beträgt bei einem derartigen Entwicklungsprojekt ca. 24 Monate. Da es sich um ein reines

Entwicklungsprojekt gehandelt hat, war der Fertigungsbereich zwar in das Entwicklungsprojekt eingebunden, wurde im Rahmen des Projekts jedoch nicht detailliert betrachtet. Im Rahmen der Getriebeentwicklung kamen Prototypen in diesem Unternehmen bislang nur im Versuch zum Einsatz. Es handelte sich bei den Getriebegehäusen in der Regel um Sandgußprototypen. Die Abwicklung der Prototypenherstellung der Gußbauteile betrug, wie in Abbildung 8-1 dargestellt, mehr als zwei Monate. Vor dem Projekt wurde die Technologie Rapid Prototyping nur vereinzelt im Bereich der Getriebeentwicklung eingesetzt. In Abbildung 8-1 ist ein typisches Getriebeentwicklungsprojekt vor dem Einsatz der Technologie Rapid Prototyping dargestellt. Nach Abschluß der 3D-Konstruktion wurde bislang die FEM-Berechnung der einzelnen Bauteile durchgeführt. Nach der Anpassung der Bauteilkonstruktion auf Basis der Berechnungsergebnisse konnte ein Gußprototyp hergestellt werden. Im Rahmen der Prototypenmontage mußten oft Änderungen aufgrund von Montageproblemen in den Prototypen eingebracht werden. Der Prototyp diente dann zur Durchführung mehrere Versuche. Beispielhaft ist hier der Ölversuch dargestellt.

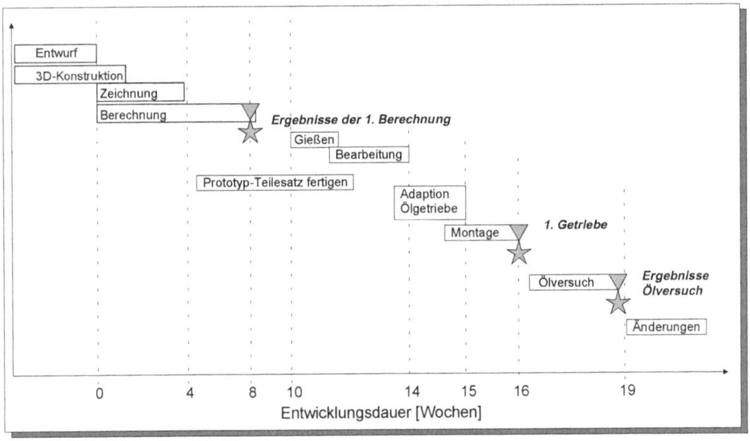

Abbildung 8-1: Ausschnitt aus einem typischen Entwicklungsprojekt vor dem Einsatz von Rapid Prototyping-Prozeßketten (Macht 1998)

8.2 Leitfaden Rapid Prototyping

Exemplarisch werden die einzelnen Ebenen des Leitfadens Rapid Prototyping für das zuvor beschriebene Entwicklungsprojekt durchgeführt. Hierzu gehören in der strategischen Ebene die Ermittlung der Einsatzpotentiale der Technologie Rapid Prototyping, in der taktischen Ebene die Festlegung der Modelleinsatzzeitpunkte und der Modelltypen und schließlich in der operativen Ebene die Auswahl von Rapid Prototyping-Prozeßketten zur Herstellung von körperlichen Modellen.

8.2.1 Vorgehensweise und Informationsbasis

Wie schon in Kapitel 7 beschrieben ist die Basis der Methode eine hinreichende Information hinsichtlich Rapid Prototyping und der Vorgehensweise bzw. Anwendung des Leitfadens Rapid Prototyping. Dem Unternehmen liegt die Vorgehensweise des Leitfadens Rapid Prototyping in Form eines Handbuchs vor. Weiterhin wurde eine halbtägige Schulungsmaßnahme der Mitarbeiter in bezug auf die Vorgehensweise des Leitfadens Rapid Prototyping durchgeführt.

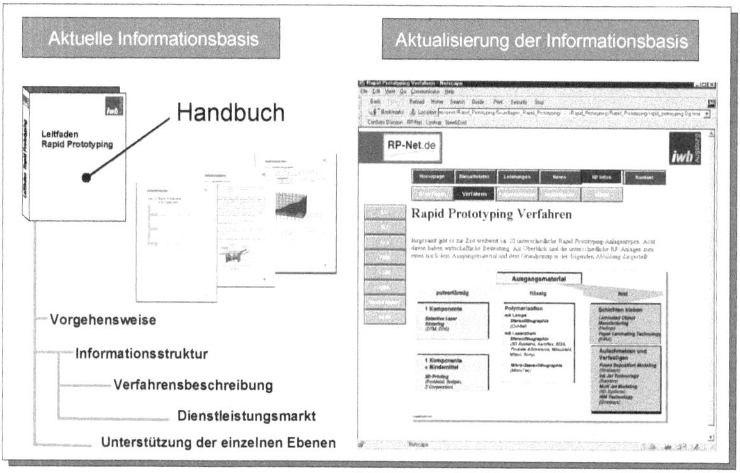

Abbildung 8-2: Informationsbasis Rapid Prototyping im Unternehmen

Im Rahmen des Projekts wurden den Mitarbeitern die Informationen über Rapid Prototyping zunächst in Form des Handbuches zur Verfügung gestellt. Diese erste Implementierung war in dem Unternehmen notwendig, da nicht alle Mitarbeiter, die die entsprechenden Informationen benötigen, einen Internet-Zugang im Unternehmen besitzen. In Zukunft können diese Informationen von den Mitarbeitern des Unternehmens über das RP-Net abgerufen und aktualisiert werden. Hierzu gibt es, wie in Kapitel 7 beschrieben, eine Informationsstruktur im RP-Net, die von den Herstellern und Dienstleistern stetig aktualisiert werden muß.

8.2.2 Bewertung der Einsatzpotentiale

Zur Überprüfung der Einsatzpotentiale wird im Gegensatz zu der taktischen und der operativen Ebene nicht nur auf ein Industrieprojekt zurückgegriffen. Um einen Vergleich der Ausprägungen der Kennzahl RP zu erzielen, werden drei unterschiedliche Unternehmen herangezogen, mit denen ähnliche Projekte durchgeführt wurden wie mit dem Automobilzulieferer. Bei den drei Unternehmen handelt es sich um den zuvor bereits genannten Automobilzulieferer, ein Unternehmen aus der Computerbranche und ein Unternehmen aus dem Bereich Fördertechnik. Die einzelnen Ausprägungen der Unternehmen bzw. Unternehmensbereiche sind sehr unterschiedlich (siehe Abbildung 8-3).

Bei dem Unternehmen A handelt es sich um den Automobilzulieferer mit über 4000 Mitarbeitern. Als Produkt wurden Antriebskomponenten analysiert. Das Unternehmen B ist in der Computerbranche angesiedelt. Das Kerngeschäft ist die Entwicklung und Herstellung von PC-Hardware-Komponenten. Konkret wurde der Bereich der Tastaturentwicklung betrachtet. Bei dem Unternehmen C handelt es sich um ein mittelständisches Unternehmen aus dem Bereich Fördertechnik. Schwerpunkt des zu betrachtenden Bereichs war die Entwicklung von Hebe- und Förderelementen.

Charkateristika / Unternehmen	Branche	Fertigungsart	Produktart	Größe
Unternehmen A	Automobilzulieferer	Großserie	metallische Guß- und Schmiedeteile	Großunternehmen
Unternehmen B	Computer Hardware	Mittel- und Großserie	elektronische Komponenten und Kunststoffbauteile	Profitcenter eines Großunternehmens
Unternehmen C	Fördertechnik	Klein- und Mittelserie	metallische Gußprodukte	Mittelstand

Abbildung 8-3: Unternehmensklassifizierung

Die Bewertung der Einsatzpotentiale der Technologie Rapid Prototyping erfolgt mit Hilfe des ACCESS-Tools, das auf Basis der Kennzahlenstruktur und der Berechnungsvorschriften die Kennzahlen ***RP***, ***Q***, ***Z*** und ***K*** berechnet, wie sie in den Kapiteln 6 entworfen und in Kapitel 7 ausgearbeitet wurden.

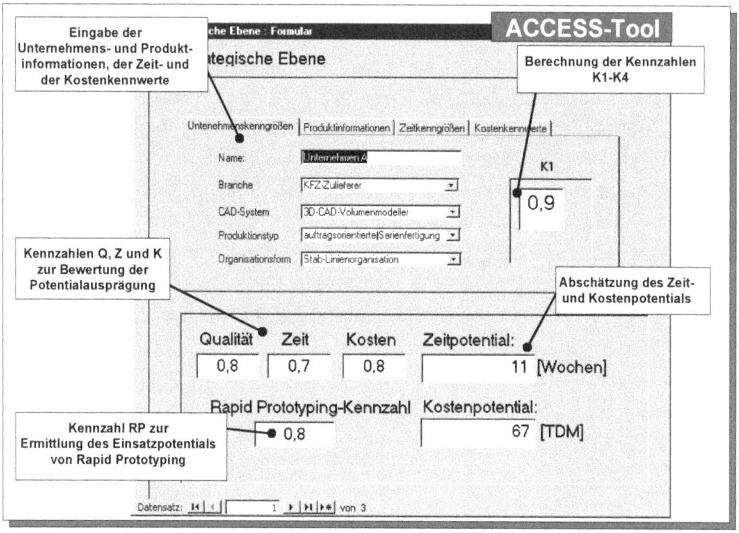

Abbildung 8-4: Ermittlung der strategischen Kennzahl RP

Die ermittelten Kennzahlen, wie sie in Abbildung 8-4 dargestellt sind, zeigen, ob der Einsatz der Rapid Prototyping-Technologie Sinn macht, und wenn ja, welche Potentiale hinsichtlich der einzelnen Kriterien wie Qualität, Zeit und Kosten bestehen.

Die Kennzahl RP, die einen Schluß über den grundsätzlichen Einsatz zuläßt, wird in drei Bereiche unterteilt. Befindet sich der Kennzahlenwert zwischen 0 und 0,33 so besteht ein geringes bis gar kein Potential, bei Werten von 0,33 bis 0,66 besteht ein mittleres und bei Werten über 0,66 ein sehr hohes Einsatzpotential.

Die Qualität des Einsatzpotentials kann dann durch die Kennzahlen Q, Z und K ausgedrückt werden. Beträgt zum Beispiel die Kennzahl Z den Wert 0,8 und die Kennzahl Q den Wert 0,3 so bedeutet dies, daß ein sehr hohes zeitliches Einsatzpotential vorhanden ist, in bezug auf die Qualität der Produktentwicklung jedoch nur ein geringes Verbesserungspotential. Die Kennzahlen K1-K4 können als Hinweis dienen, welche Kriterien die Schwachstellen im Unternehmen sind. Sind z.B. die Kennzahlen K1 oder K2 kleiner als 0,33, so ist dies u.a. ein Indiz, daß entweder die Unternehmensrandbedingungen oder die Produktcharakteristika nicht für die RP-Technologie geeignet sind.

Wie in Abbildung 8-5 dargestellt, ist bei den Unternehmen A und B das Einsatzpotential aufgrund der Kennzahl RP mit einem Wert von 0,8 bzw. 0,7 als hoch einzuschätzen. Vergleicht man die Kennzahlenwerte, wird dieser Sachverhalt durch die Ergebnisse der mit den Unternehmen A und B durchgeführten Industrieprojekte bestätigt, bei denen ebenfalls ein hohes Einsatzpotential ermittelt wurde. Beim Unternehmen C allerdings sind die Potentiale zumindest hinsichtlich der Entwicklungsqualität und der Kosten nicht sehr groß, der Wert der Kennzahl RP beträgt 0,4, allerdings wurde aufgrund des hohen Zeitpotentials bei dem konkreten Industrieprojekt die Technologie Rapid Prototyping dennoch eingesetzt.

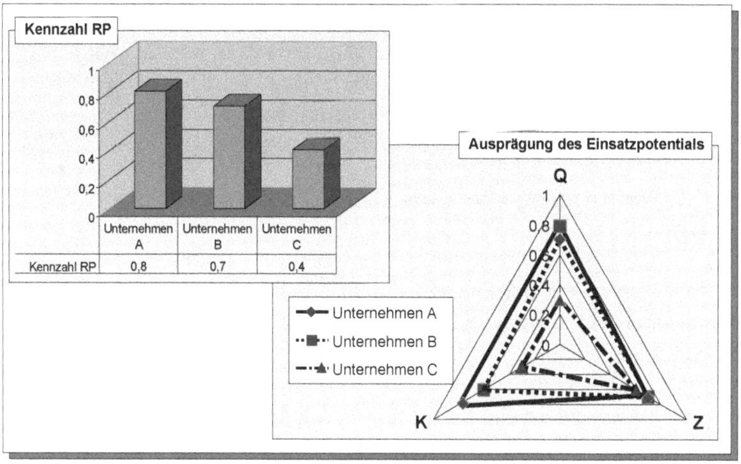

Abbildung 8-5: Kennzahlen zur Ermittlung der Einsatzpotentiale

Zusätzlich zu den Kennzahlen wird in der strategischen Ebene das Zeit- und das Kostenpotential abgeschätzt. Wie in Tabelle 8-1 zu sehen ist, ist das abgeschätzte Potential bei den einzelnen Unternehmen stark unterschiedlich ausgeprägt. Diese Potentialabschätzung ermöglicht dem Anwender neben den qualitativen Kennzahlen auch eine quantitative Bewertung der Einsatzpotentiale der Technologie Rapid Prototyping im Rahmen der Produktentwicklung.

	Zeitpotential [Wochen]	Kostenpotential [DM]
Unternehmen A	11	67.000
Unternehmen B	8	-
Unternehmen C	4	5.000

Tabelle 8-1: Abgeschätztes Zeit- und Kostenpotential

Das ermittelte Zeit- und Kostenpotential stimmt mit bei den Unternehmen A und C mit den Projektergebnissen überein. Das Ergebnis des Zeitpotentials bei Unternehmen A entspricht der im Projektablauf erzielten Zeiteinsparung u.a. beim Ölversuch. Konnte der Ölversuch vor Einsatz der Technologie erst nach 19 Wochen ab Fertigstellung des Entwurfs erfolgen (vgl. Abbildung 8-1), ist er durch den Einsatz von Rapid Prototyping bereits nach 4-5 Wochen möglich (vgl. Abbildung 8-10). Da z.B.

das Unternehmen B bislang noch keine Prototypen in der Entwicklung zur Verifikation von Produkteigenschaften einsetzte, konnte kein Kostenpotential ermittelt werden. Als Modellherstellzeit wurde in diesem Fall die Lieferzeit der ersten Spritzgußmuster herangezogen.

8.2.3 Festlegung der Einsatzzeitpunkte und der Modelltypen

Bei der Festlegung der Einsatzzeitpunkte wurden die einzelnen Prozeßschritte der Produktentwicklung des Automobilzulieferers analysiert. Im Rahmen des Projekts wurden insgesamt 12 unterschiedliche Einzelprozesse betrachtet. Für den Einsatz von körperlichen Modellen wurden daraus 7 Einsatzbereiche für körperliche Modelle abgeleitet. Die Prozeßschritte sind stark an den Freigabestufen der Entwicklung angelehnt. Im Rahmen dieser Arbeit wird nun am Beispiel von 6 dieser Einsatzbereiche die Berechnung der Kennzahl T und die Festlegung des vorherrschenden Modelltyps durchgeführt. Die folgenden Prozeßschritte bzw. Zeitpunkte in der Produktentwicklung werden, wie in Abbildung 8-6 dargestellt, betrachtet.

Konzeptstudie verfeinern (1)

Bei der Verfeinerung der Konzeptstudie werden basierend auf dem Lastenheft I die verschiedenen groben Konzeptvarianten weiter detailliert, bis sie in Zusammenarbeit mit dem Kunden anhand verschiedener Kriterien bewertet werden können. Dies ermöglicht die Vorauswahl eines geeigneten Konzepts, welches weiter konkretisiert wird. Neben der Produktstruktur liegen dann Informationen über die Hauptabmessungen, Wirkgeometrien und Werkstoffe fest. Auch ist grob entschieden, welche Bauteile Make- oder Buy-Teile sind.

Entwurf erstellen, Dimensionieren (2)

Die Erstellung des Entwurfs und das Dimensionieren ist ein Teilprozeß, dem die Freigabe zur Konstruktion (K) direkt vorausgeht. Durch die Festlegung von Neu-, Norm- und Wiederholteilen, der jeweiligen Produktionstechnologie usw., lassen sich die zukünftigen Stückkosten abschätzen. Da Make- und Buy-Teile festliegen, läßt sich in diesem Teilprozeß die Rangfolge der Buy-Teile zur Bestellung definieren.

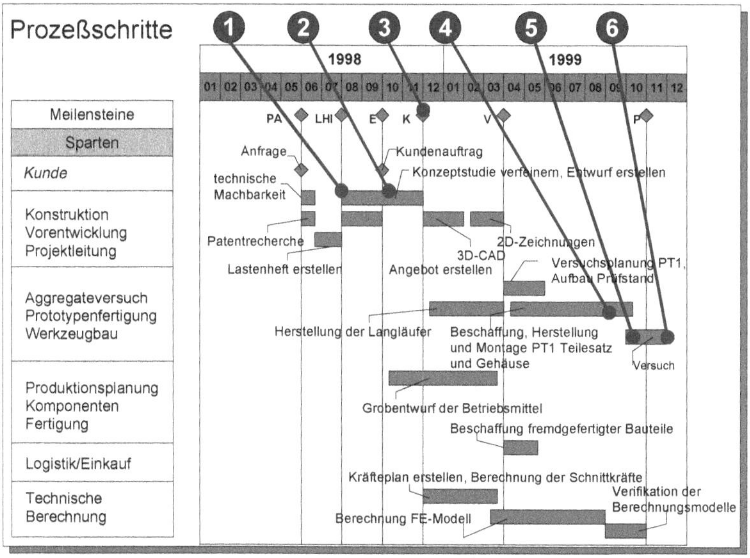

Abbildung 8-6: Prozeßschritte im Getriebeentwicklungsprozeß

Meilenstein K (3)

Weiterhin wurden wichtige Meilensteine des Entwicklungsprozesses betrachtet. Auswahlweise wird zur Überprüfung der Kennzahl T der Meilenstein K, die Freigabe zur Konstruktion, betrachtet.

Teambesprechung (4)

Im Rahmen von vierzehntägigen Treffen wird im Simultaneous Engineering-Team (SE-Team) der laufende Entwicklungsfortschritt abgestimmt. Der Zeitpunkt des ausgewählten Projekttreffens liegt in diesem Fall kurz vor der Fertigstellung des Prototypen PT1.

Getriebemontage und Untersuchung der Schmierung (5)

Vor Durchführung des Ölversuchs werden die einzelnen Komponenten des Getriebes montiert. Sehr oft erfolgt eine Nacharbeit der Gußkomponenten aufgrund von konstruktiven Mängeln, was in der Konstruktion zu entsprechenden Änderungen führt. Primäres Analyseziel ist das Erkennen der Schmiereigenschaften des Getriebes. Hierzu wird das Prototyp-

Getriebe montiert. Im Anschluß wird der Ölfluß bei verschiedenen Temperaturen und Getriebelagen sowie das Schäumverhalten untersucht.

Untersuchung des Tragbilds (6)

Im Rahmen der Versuche mit PT1 Prototypen wird das Tragbild untersucht. Hierzu müssen die Getriebe unter Verspannung von Ab- zu Antriebswelle bewegt werden. Für die einzelnen Zeitpunkte in der Produktentwicklung müssen die im ACCESS-Tool benötigten Angaben vom Projektleiter eingetragen werden. Zur Bewertung des Einsatzpotentials von körperlichen Modellen erhält er die Kennzahl T und eine grobe Kostenabschätzung der Modellherstellkosten. Mit diesen Informationen kann der Projektleiter sehr effizient den Einsatz von Modellen und Prototypen in der Produktentwicklung planen.

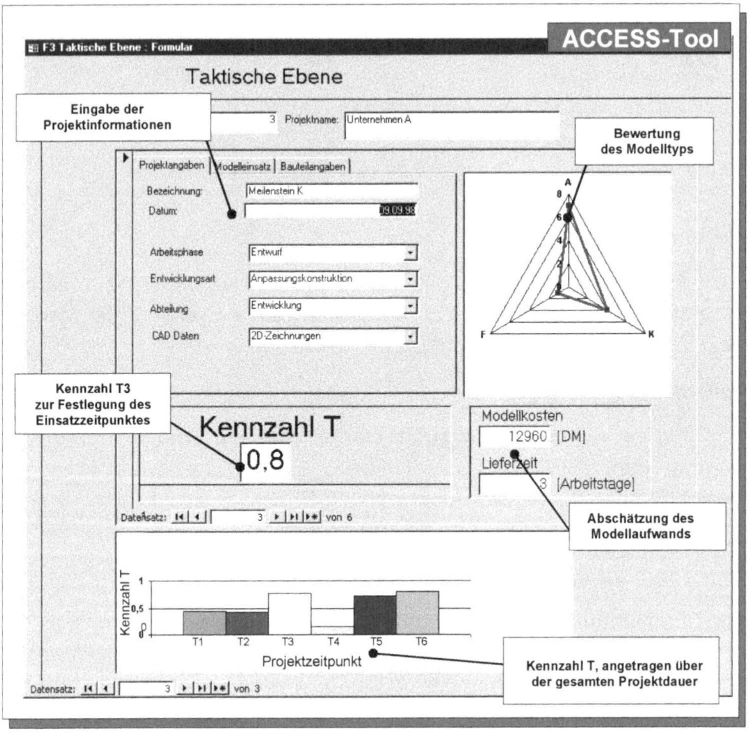

Abbildung 8-7: Ermittlung des Einsatzzeitpunktes T und des Modelltyps

Wie in Abbildung 8-7 dargestellt, ergeben sich für die sechs beispielhaft durchgeführten Prozeßschritte bzw. Zeitpunkte in der Produktentwicklung eine unterschiedliche Ausprägung von T. So wird das Potential für den Einsatz eines körperlichen Modells für die ersten beiden Zeitpunkte als mittel eingeschätzt. Der dritte Zeitpunkt T3 wird mit einer sehr hohen Kennzahl T bewertet, ebenfalls die zwei Modelleinsatzzeitpunkte T5 und T6 im Rahmen des Versuchs. Die hohe Kennzahl T3 ist vor allem darin begründet, daß zu diesem Zeitpunkt insgesamt 5 Einzelprozesse ablaufen (vgl. Abbildung 8-6). Dies hat einen erhöhten Abstimmungsbedarf und damit Kommunikationsbedarf zur Folge. Als wesentliche Entscheidung wird zu diesem Zeitpunkt die Freigabe zur Konstruktion erteilt. Der Zeitpunkt T4 wird mit einem geringen bis gar keinem Potential bewertet. Der Kennzahl T steht bei der Entscheidung für den Einsatz eines körperlichen Modells der Modellaufwand entgegen.

8.2.4 Bewertung und Auswahl von Rapid Prototyping-Prozeßketten

Nach Ermittlung der Einsatzzeitpunkte und der Modellarten muß in der operativen Ebene die am besten geeignete Prozeßkette ausgewählt werden. Auf Basis der Produktmerkmale und der Gewichtung der einzelnen Merkmale wird mit Hilfe der unscharfen Bewertung eine Rangfolge der am besten geeigneten Rapid Prototyping-Prozeßketten gebildet. Es werden im Rahmen der Umsetzung des Leitfadens 21 unterschiedliche Prozeßketten berücksichtigt (vgl. Kapitel 3.6). Neben der Bewertung nach technischen und wirtschaftlichen Gesichtspunkten erhält der Anwender eine Risikoabschätzung für die ausgewählten Rapid Prototyping-Verfahren hinsichtlich Geometrie, Material und Oberfläche. Zur Erprobung der Auswahl von Rapid Prototyping-Prozeßketten wurden für die operative Ebene zwei Bauteile von zwei unterschiedlichen Bauteilklassen mit unterschiedlichen Einsatzzielen überprüft.

In der operativen Ebene des ACCESS-Tools erhält man die Rangfolge der am besten geeigneten Rapid Prototyping-Prozeßketten mit einer Risikobewertung hinsichtlich der drei Anforderungsmerkmale Geometrie, Material und Oberfläche. Die Prozeßketten helfen dem Anwender bei der folgenden Auftragsabwicklung eine gezielte Dienstleisterauswahl zu treffen. Die Risikoanalyse dient dazu, daß der Anwender eine Kenntnis über die möglichen Risiken besitzt und sich entsprechend mit dem Dienstleister abstimmen kann.

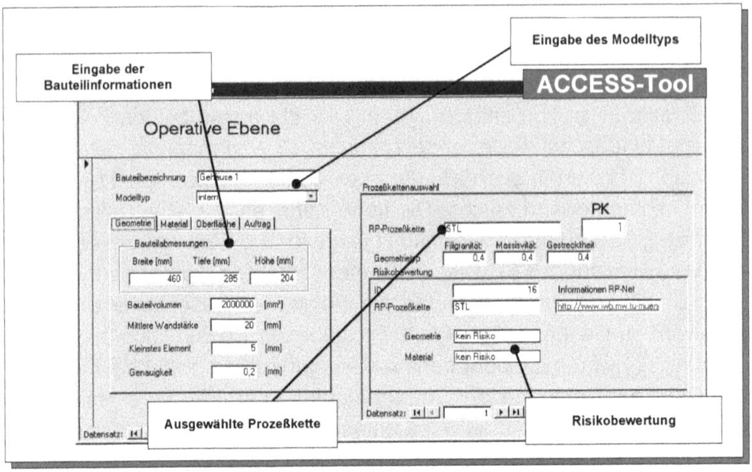

Abbildung 8-8: Prozeßkettenauswahl

Ausgangspunkt ist, wie bereits beschrieben, eine grobe Bestimmung des Modelltyps in der taktischen Ebene. Diesen gilt es im nächsten Schritt zu verfeinern. Hierzu wird eine strukturierte Abfrage des Modelltypen durchgeführt. Anschließend wird nach der Feinspezifikation des Modelltypen die Reihenfolge der Anforderungsabfrage festgelegt. Für die zwei Bauteile werden nun jeweils drei Modelltypen, wie sie im Rahmen des Projekts benötigt wurden, exemplarisch festgelegt.

Das Getriebegehäuse, wird im Rahmen eines Versuches zur Untersuchung der Ölverteilung dienen. Hierzu wählt der Anwender den Modelltyp „Funktionsmodell" aus und wählt als Feinspezifikation die Kinematik aus, da im Rahmen des Ölversuches vor allem fluidmechanische und kinematische Zusammenhänge beurteilt werden müssen. Weiterhin wird ein Modell zur Überprüfung der Geometrie im Rahmen der Konzeptphase und zur internen Kommunikation in einer SE-Besprechung genutzt.

Das Modell der Schaltgabel sollte im Rahmen einer Konstruktionsbesprechung des Entwurfs zum Vergleich von Geometrievarianten dienen. Zur Abstimmung mit dem späteren Serienzulieferer wurden mehrere Modelle benötigt. Schließlich wurde ein Modell zur Überprüfung der Schaltvorgänge benötigt. Im Mittelpunkt der Untersuchungen standen die Festigkeitseigenschaften der Schaltgabel.

In Abbildung 8-9 sind für die zwei Bauteile die optimalen Prozeßketten dargestellt. Die Rangfolge der vorgeschlagenen Prozeßketten ist abhängig von der Größe der Prozeßkettenkennzahl PK.

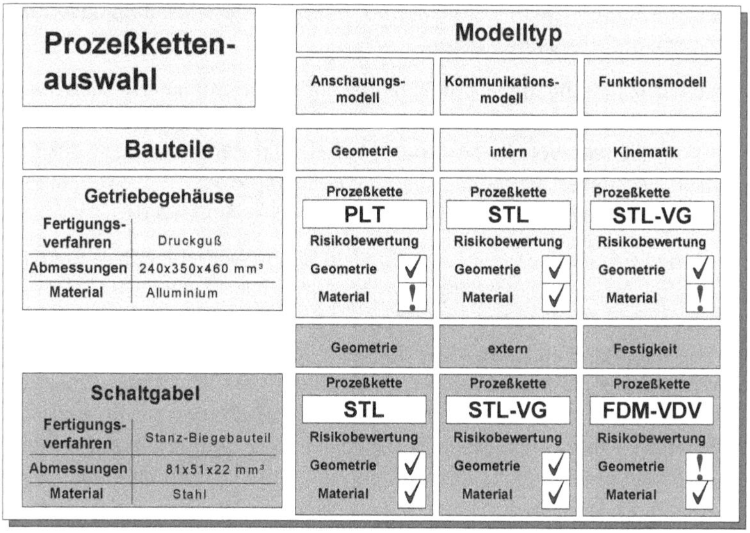

Abbildung 8-9: Ausgewählte Rapid Prototyping-Prozeßketten

Die in Abbildung 8-9 dargestellten Rapid Prototyping-Prozeßketten, die mit Hilfe des ACCESS-Tool ausgewählt wurden, entsprechen den RP-Prozeßketten, die im Rahmen des Industrieprojekts in Zusammenarbeit mit den Dienstleistern ausgewählt wurden. Allein die Prozeßkette FDM-VDV wurde im Rahmen des Industrieprojekts nicht berücksichtigt, da zum Zeitpunkt der Verfahrensauswahl diese Prozeßkette noch nicht verfügbar war.

8.3 Bewertung des Leitfadens Rapid Prototyping

Mit Hilfe des Leitfadens Rapid Prototyping konnte der Einsatz der Technologie Rapid Prototyping im betrachteten Unternehmen deutlich optimiert werden. Der verbesserte Einsatz der Technologie hat unterschiedliche Ausprägungen.

Zunächst konnte mit einer projektbegleitenden Informationsveranstaltung bei den Mitarbeitern der Firma das Wissen hinsichtlich Rapid Prototyping und dem Einsatz von körperlichen Modellen in der Produktentwicklung deutlich verbessert werden. Dieser Schulungsprozeß muß im weiteren über die Abteilungsgrenzen hinweg stetig durchgeführt werden.

Durch das Ermitteln der Einsatzpotentiale wurde weiterhin die Grundlage geschaffen, Rapid Prototyping vermehrt in der Produktentwicklung einzusetzen. Der Einsatz von körperlichen Modellen wurde hierbei mit Hilfe der Festlegung von Einsatzzeitpunkten über den gesamten Entwicklungsprozeß begleitend, über den eigentlichen Versuch hinaus, im ersten Schritt geplant. Zusätzlich wurden Bestandteile des Versuchs aufgeteilt und mit Hilfe mehrerer Modelle mit jeweils geringeren Anforderungen eine effizientere Versuchsdurchführung eingeführt. Dadurch konnte eine Reduzierung der Entwicklungszeit von bis zu 11 Wochen erzielt werden (siehe Abbildung 8-10).

Auf Basis der Auswahl von RP-Prozeßketten zur Herstellung der unterschiedlichen Modelle konnten zum einen die Herstellzeiten von Modellen reduziert werden und damit Bestandteile des Versuchs im Produktentwicklungsablauf nach vorne verschoben werden. Zum anderen wurde eine Verfahrensmatrix für die Mitarbeiter aufgebaut, mit deren Hilfe eine Anleitung vorliegt, für welchen Einsatzfall und für welches Bauteil welche Rapid Prototyping-Prozeßkette die geeignetste ist. Mit den ausgewählten RP-Prozeßketten konnten Einsparungen von ca. 60.000 DM im Bereich der Prototypenherstellung bei dem betrachteten Getriebegehäuse erzielt werden.

Mit Hilfe des RP-Net wird es in Zukunft möglich sein, die Auftragsabwicklung von zur Zeit einer Woche, von der internen Anfrage des Anwenders bis zum Eingang eines Angebots, auf wenige Stunden zu reduzieren. Im Rahmen des Projekts konnte ein zeitliches Einsparungspotential von bis zu 11 Wochen aufgezeigt werden, was mit den in der strategischen Ebene ermittelten Werten sehr gut übereinstimmt.

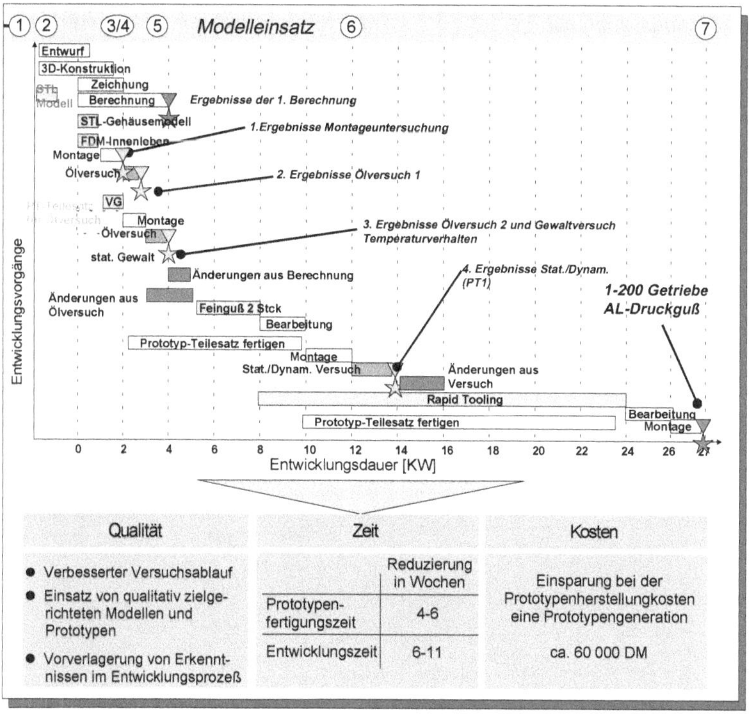

Abbildung 8-10: Optimierter Entwicklungsablauf bei dem Automobilzulieferer nach Durchführung des Leitfadens Rapid Prototyping (Macht 1998)

Dem aufgezeigten Nutzen steht der Aufwand der Implementierung der Vorgehensweise in den Entwicklungsprozeß gegenüber. Bei dem vorliegenden Projekt betrug der Aufwand ca. 3 Mannmonate. Der Aufwand ist wesentlich von der Komplexität der Entwicklungsstruktur abhängig. Er kann sich im Bereich von einigen Tagen bis hin zu mehreren Monaten bewegen. Im vorliegenden Fall hat sich dieser Aufwand bereits im Laufe des ersten Projekts amortisiert. Die Umsetzung der Methode des Leitfadens Rapid Prototyping bei dem Automobilzulieferer hat gezeigt, daß die gewählte Vorgehensweise die Potentiale für Rapid Prototyping aufzeigt, Unternehmen bei der Planung des Modelleinsatzes unterstützt und eine Prozeßkettenauswahl bietet. Durch das ACCESS-Tool und des RP-Net wird eine effiziente Abwicklung ermöglicht.

Ähnliche Ergebnisse haben sich bei mehreren Projekten des iwb gezeigt. So konnten z.B. bei dem zuvor genannten Unternehmen B (vgl. Kapitel 8.2.2) aufgrund des systematischen Einsatzes von RP-Modellen zur Verifizierung der Produkteigenschaften 80% aller Änderungen kostenneutral hinsichtlich der Werkzeugherstellung eingebracht werden. Die Zeiteinsparung betrug in diesem konkreten Fall 2 Monate, was bei einem Entwicklungszeitraum von 10 Monaten eine erhebliche Optimierung bedeutet hat. (*Macht 1996*)

Die Industrieprojekte haben gezeigt, wie durch den systematischen Einsatz der Technologie Rapid Prototyping mit Hilfe des Leitfadens Rapid Prototyping in der Produktentwicklung sich die Entwicklungszeit reduzieren läßt. Dies wird auch durch andere Untersuchungen hinsichtlich des Einsatzes von körperlichen Modellen in der Produktentwicklung aufgezeigt. (vgl. *Gebhardt 1996A, Geuer 1996, Lindemann & Reichwald 1998, König & Klocke 1997, Wheelwright & Clark 1994*)

9 Zusammenfassung und Ausblick

Aufgrund der Dynamik der Märkte sind Unternehmen verstärkt dazu gezwungen, sich immer schneller an unvorhergesehenen Ereignissen auszurichten. War bislang Flexibilität von Unternehmen ausreichend, um auf Änderungen zu reagieren, müssen sie vermehrt eine hohe Wandlungsfähigkeit besitzen, um auch auf Änderungen außerhalb des Flexibilitätskorridors reagieren zu können. Der Einsatz der Technologie Rapid Prototyping gestattet Unternehmen eine hohe Wandlungsfähigkeit vor allem hinsichtlich der Realisierung innovativer Produktideen. Diese Chance kann jedoch nur mit einem effizienten und effektiven Einsatz von Rapid Prototyping in der Produktentwicklung wahrgenommen werden.

Zur Zeit ist selten das nötige Know-how sowohl hinsichtlich der Einsatzpotentiale, als auch der Einsatzmöglichkeiten von Rapid Prototyping in der Produktentwicklung in Unternehmen vorhanden. Die Folge ist neben dem unzureichenden Ausschöpfen des Technologiepotentials der fehlende Einsatz von Rapid Prototyping-Modellen in der Produktentwicklung. Rapid Prototyping-Modelle ersetzen oft nur die konventionellen Modelle bzw. Prototypen. Die Chance, in kleineren Iterationsschleifen mit mehreren Modellen über den gesamten Entwicklungsprozeß hinweg die Produkteigenschaften zu verifizieren, wird nur selten genutzt. Weiterhin wird oft nicht die optimale Prozeßkette eingesetzt und die Abwicklung der Prozeßkette Rapid Prototyping erfolgt ineffizient.

Die vorliegende Arbeit bietet Unternehmen eine Methode, mit der sie beim Einsatz von Rapid Prototyping unterstützt werden. Hierzu wurde der Leitfaden Rapid Prototyping konzipiert, umgesetzt und evaluiert. Der Leitfaden Rapid Prototyping unterstützt den Anwender in drei Ebenen (siehe Abbildung 9-1). Basis des Leitfadens ist das Kennzahlensystem Rapid Prototyping, das die Informationen in den unterschiedlichen Ebenen abbildet, verdichtet und so dem Anwender als Entscheidungsgrundlage dient. Ausgehend von der strategischen Ebene wird das Einsatzpotential durch ein Kennzahl bestimmt und eine Abschätzung des Zeit- und Kostenpotentials durchgeführt. Macht der Einsatz von Rapid Prototyping im jeweiligen Unternehmen Sinn, wird in der taktischen Ebene der Einsatz von körperlichen Modellen in der Produktentwicklung mit einer weiteren Kennzahl geplant.

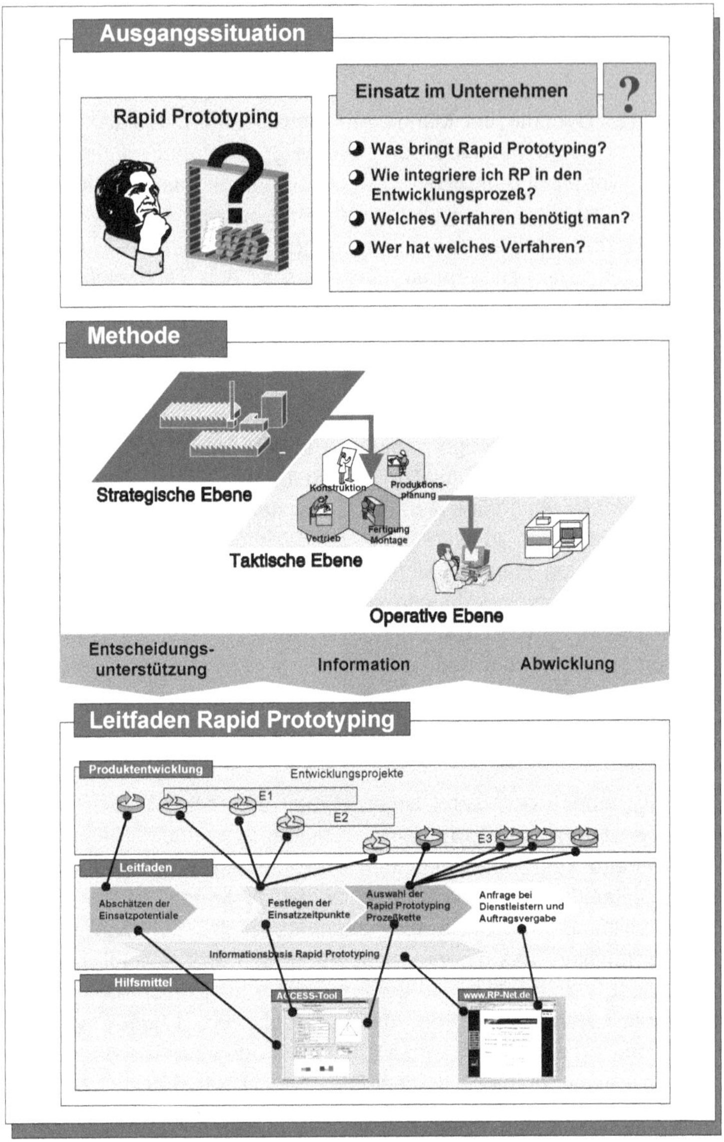

Abbildung 9-1: Effizienter Einsatz von Rapid Prototyping durch Anwendung des Leitfadens Rapid Prototyping

Neben den Einsatzzeitpunkten wird dem Anwender eine Bewertung der unterschiedlichen Modelltypen an die Hand gegeben. Auf Basis dieser Grobplanung erfolgt abschließend in der operativen Ebene die Auswahl einer Rapid Prototyping-Prozeßkette für den konkreten Einsatzfall.

Die Vorgehensweise des Leitadens steht zur Zeit in Form eines Handbuches zur Verfügung. Zwei informationstechnische Hilfsmittel dienen der Unterstützung bei der Anwendung des Leitfadens. In den drei Ebenen wird der Anwender zur Ermittlung der einzelnen Kennzahlen durch ein ACCESS-Tool unterstützt. Basis dieses Hilfsmittels ist das Kennzahlensystem „Rapid Prototyping". Das RP-Net dient als Informationsbasis und unterstützt eine effiziente Abwicklung. Im RP-Net kann der Anwender auf Basis der zuvor getroffenen Entscheidungen eine Anfrage bei einem oder mehreren Dienstleistern durchführen, ein Angebot erhalten und schließlich den Auftrag an einen Dienstleister vergeben.

In Zusammenarbeit mit einem Automobilzulieferer wurde das Konzept des Leitfaden Rapid Prototyping umgesetzt und das Kennzahlensystem verifiziert. Dem Unternehmen konnte ein hohes Einsparungspotential im Bereich der Getriebeentwicklung aufgezeigt werden. Nach der Integration des Leitfadens Rapid Prototyping wird von einer Einsparung von ca. 11 Wochen ausgegangen, was ca. 8% der Entwicklungsdauer bedeutet. Im Laufe des Projekts konnte bereits durch den ersten Einsatz von Rapid Prototyping-Modellen eine zeitliche Einsparung von 6 Wochen realisiert werden. Weiterhin wurde bei dem konkreten Getriebegehäuse eine Kosteneinsparung von ca. 60.000,- DM bei der Prototypenherstellung erzielt (vgl. Abbildung 8-11). In Zukunft muß vor allem noch die Auftragsabwicklung mit Hilfe des RP-Net optimiert werden. Mit der erzielten Kosteneinsparung hat sich der Leitfaden bereits im Laufe des ersten Entwicklungsprojekts amortisiert.

Im Rahmen dieser Arbeit wurde eine Methode entwickelt, die es Unternehmen zukünftig erlaubt, Rapid Prototyping effizienter einzusetzen. Um dies zu gewährleisten, muß im nächsten Schritt eine Kopplung des ACCESS-Tools mit dem RP-Net erfolgen. Aufgrund des Kennzahlensystems Rapid Prototyping können in Zukunft auch neue Verfahren und Rapid Prototyping-Prozeßketten in den Leitfaden integriert werden. Weiterhin ist ein Einsatz über die Technologie Rapid Prototyping hinaus denkbar. So können zum Beispiel andere Hilfsmittel zur Produktverifikation mit der Methode des Leitfadens Rapid Prototyping besser in der Produktentwicklungsprozeß integriert werden.

10 Literaturverzeichnis

ADAMS & STEINFATT 1996

Adams, M.; Steinfatt, E.: Produktgestaltung unter Berücksichtigung technologischer Potentiale. In: Rapid Product Development, Stuttgart. Stuttgart: Stuttgarter Messe- und Kongressgesellschaft mbH 1996, S. 467-474.

ARNOLD & BAUER 1992

Arnold, R.; Bauer, C.-O.: Qualität in Entwicklung und Konstruktion: Organisation / Maßnahmen. 3. Auflage. Wuppertal: Verlag TÜV Rheinland 1992. (Praxiswissen für Ingenieure: Konstruktion)

BECKER 1991

Becker, T.: Investitionsplanung für CAM-Systeme unter besonderer Berücksichtigung des Zeitverhaltens. Aachen 1991.

BERNARD 1997

Bernard, R.: Rapid Prototyping in der Konstruktion. In: Reinhart, G.; Milberg, J.: Rapid Prototyping, Mit neuen Technologien schnell vom Entwurf zum Serienprodukt, Augsburg. München: Utz 1997, S. 24-49. (Seminarberichte / iwb 27)

BERNARD & STETTER 1997

Bernard, R.; Stetter, R.: Early Determination of Product Properties. In: Riitahuhta A: Proceedings of the 11th International Conference on Engineering Design in Tampere. Tampere: University of Technology, 1997.

BODE 1996

Bode, E.: Konstruktionsatlas - werkstoffgerechtes Konstruieren, verfahrensgerechtes Konstruieren. Braunschweig: Vieweg, 1996

BÖLZING 1990

Bölzing, D.: Kennzahlenorientierte Analyse rechnergestützter Fabrikautomatisierung. München: Hanser 1990 (Darmstädte Forschungsberichte für Konstruktion und Fertigung D17).

BOMM 1991

Bomm, H.: Investitionen im Produktionsunternehmen mit Kennzahlen planen. ZwF 86 (1991) 7, S. 346-349.

Bomm 1992

Bomm, H.: Ein Ziel- und Kennzahlensystem zum Investitionscontrolling komplexer Produktionssysteme. München: Springer 1992. (iwb-Forschungsberichte 56)

Brandner 1998

Brandner, S.: Rapid Prototyping Netzwerk. In: Reinhart, G.; Milberg, J.: Rapid Prototyping - Effizienter Einsatz von Modellen in der Produktentwicklung, Augsburg. München: Utz 1998, S. 8/1-8/18. (Seminarberichte / iwb 38).

Breiing 1990

Breiing, A.: Bewertung von Konstruktionsvarianten technischer Systeme. Schweizer Maschinenmarkt (1990) 9, S. 44-47 und 12, S. 52-57.

Breiing & Knosala 1997

Breiing, A.; Knosala, R.: Bewerten technischer Systeme. Berlin: Springer 1997.

Breitinger u. a. 1997

Breitinger, F. u. a.: Schnelle Modelle. MM-Special Euromold (1997) 46, S. 106-108.

Bullinger 1993

Bullinger, H.-J.; Fremerey, F.; Fuhrberg-Baumann, J.: Innovative Production Structures - Precondition for a Customer-oriented Production Management. In: Orpana, V.; Lukka, A.: Production Research 1993. Proceedings of the 12th International Conference on Production Research, Lappeenranta, Finland, 16-20-August, 1993, Amsterdam. London: Elsevier 1993, S. 15-39.

Bullinger 1995

Bullinger H.-J.: Rapid Prototyping: Schneller zu neuen Produkten. Technica Band 44 (1995) 22, S 16-21.

Bullinger u. a. 1996

Bullinger, H.-J. u. a.: Rapid Product Development. VDI-Z 138 (1996) 5, S. 38-41.

Burgstahler 1997

Burgstahler, B.: Synchronisation von Produkt und Produktionsentwicklung mit Hilfe eines Technologiekalenders. Essen: Vulkan 1997.

Busse 1994

Busse, R.: Richtig kalkulieren - leicht gemacht. form (1994) 149, S. 40-42.

BUSSIEK U. A. 1993

Bussiek, J. u. a.: Unternehmensanalyse mit Kennzahlen. Wiesbaden: Gabler 1993.

DIN 19226

DIN 19226, Teil 1: Regelungstechnik und Steuerungstechnik: Allgemeine Grundlagen. Berlin: Beuth, 1994.

DIN 8580

DIN 8580 (Entwurf): Fertigungsverfahren: Begriffe, Einteilung. Berlin: Beuth, 1985.

DÖLLNER 1997

Döllner, G.: Konzepierung und Anwendung von Methoden zur Verkürzung der Produktentwicklungszeit am Beispiel der Aggregateentwicklung. Braunschweig: Institut für Konstruktionslehre 1997. (Dissertation, Nr. 53)

DUDEN 1989

Duden: Fremdwörterbuch. 14. Auflage. Mannheim: Bibliographisches Institut 1989.

DÜRR & KASCHKA 1998

Dürr, H.; Kaschka, U.: An Approach for Selection and Comparative Evaluation of Conventional and Rapid Tooling Process Chains. In: Dr. Campbell, R. I.: Proceedings of the 7th European Conference on Rapid Prototyping and Manufacturing, Aachen. Nottingham 1998, S. 729-738.

DUSEL U. A. 1997

Dusel, K.-H. u. a.: Rapid Prototyping (RP) für Feingußprototypen - Generative Fertigungsverfahren liefern verlorene Modelle. Konstruieren + gießen 22 (1997) 2, S. 4-11.

EHRLENSPIEL 1994

Ehrlenspiel,K.: Konstruktionslehre 1: Vorlesungsmanuskript; Grundlagen und Methodenbaukasten zum funktionsgerechten Konstruieren. München: Lehrstuhl für Konstruktion 1994.

EVERSHEIM 1989

Eversheim, W.: Simultaneous Engineering - eine organisatorische Chance. Simultaneous Engineering - Neue Wege des Projektmanagements. Düsseldorf: VDI-Verlag 1989, (VDI-Berichte 758)

EVERSHEIM U. A. 1996

Eversheim, W. u. a.: Rapid Prototyping - Unternehmensspezifische Technologiekonzepte. In: Rapid Product Development, Stuttgart. Stuttgart: Stuttgarter Messe- und Kongressgesellschaft mbH 1996, S. 423-431.

FÄHRER 1998

Fährer, J.: Rapid Prototyping und Rapid Tooling in der Produktentwicklung. In: Reinhart, G.; Milberg, J.: 3D-CAD: Mehr als nur eine dritte Dimension, Augsburg. München: Utz 1998, S. 7/1-7/18. (Seminarberichte / iwb 33)

FILI 1995

Fili; W.: Kurzer Weg zum präzisen Testmodell. VDI nachrichten (1995) 30, S. 13.

FRUTH 1998

Fruth, C.: PLT- Papier Laminier Technologie. In: Reinhart, G.; Milberg, J.: Rapid Prototyping - Effizienter Einsatz von Modellen in der Produktentwicklung, Augsburg. München: Utz 1998, S. 7/1-7/11. (Seminarberichte / iwb 38).

GATTIKER 1993

Gattiker, U. E. (Hrsg.): Technology-Mediated communication. Berlin: de Gruyter 1993,

GEBHARDT 1996A

Gebhardt, A.: Rapid Prototyping, Werkzeuge für die schnelle Produktentwicklung. München: Hanser 1996.

GEBHARDT 1996B

Gebhardt, A.: Neue Wege zur Produktentwicklung - Chancen erkennen und nutzen. In: NCG - Jahreskongreß Produktentwicklung -Basis des Erfolges-, Düsseldorf. NCGesellschaft 1996.

GEBHARDT & PFLUG 1995

Gebhardt, A.; Pflug, Th.: Innovatiosschub mittels Rapid-Prototyping, Teil I. CAD-CAM Report (1995) 7, S. 56-65.

GEBHARDT U.A. 1996

Gebhardt, A. u. a.: Serienqualität und -stückzahlen durch Abformprozesse. In: Produkt- und Produktionsentwicklung mit neuen Technologien, Intelligente Produktionssysteme - Solid Freeform Manufacturing, 4. Anwendertagung, Dresden. Dresden: GFal Sachsen 1996, S. 147-159.

GEUER 1995

Technische Akademie Wuppertal (Hrsg.): Seminar Rapid Prototyping, Wuppertal. Wuppertal 1995.

GEUER 1996

Geuer, A.: Einsatzpotentiale des Rapid Prototyping in der Produktentwicklung. Berlin: Springer 1996. (iwb-Forschungsberichte 100)

GOMES DE SÁ U. A. 1997

Gomes de Sá, A. u. a.: Digital Mock-UP in der Einbau und Montagesimulation. In: VDI - Gesellschaft: Neue Generation von CAD/CAM - Systemen, München. Düsseldorf: VDI-Verlag 1997, S. 337-356. (VDI-Berichte 1357)

GÖTZEN 1998

Götzen, R.: 3D-Strukturen schnell umgesetzt. F&M 106 (1998) 3, S 134-136.

GROLL 1991

Groll, K.-H.: Erfolgssicherung durch Kennzahlensysteme. 4. Auflage. Freiburg im Breisgau: Haufe 1991.

GROTH 1992

Groth, U.: Kennzahlensystem zur Beurteilung und Analyse der Leistungsfähigkeit einer Fertigung. Düsseldorf: VDI-Verlag 1992. (Technik und Wirtschaft: Reihe 16, Nr.61)

GUTSCH 1972

Gutsch, R.: Entscheidungshilfe durch Systemtechnik. Lehrgang der technischen Akademie Esslingen. Esslingen 1972.

HABERFELLNER U. A. 1992

Haberfellner, R. u. a.: System Engineering. Methoden und Praxis. Zürich: Verlag Industrielle Organisation 1992.

HEDRICH U. A. 1995

Hedrich, P. u. a.: Technologiekalender: systematischer Aufbau von Technologiekonzepten. Zeitschrift io management 64 (1995) 7/8, S.77-80.

HEINEN 1991

Heinen, E.: Einführung in die Betriebswirtschaftslehre, 9. Auflage., Wiesbaden 1991.

Henkel 1998

Henkel, J.: BCT konzentriert sich auf einfach Bauteile. Computerwoche (1998) 43, S. 32.

Hornbogen 1994

Hornbogen, E.: Werkstoffe, Aufbau und Eigenschaften von Keramik-, Metall-, Polymer- und Verbundwerkstoffen. Berlin: Springer, 1994.

Horváth & Mayer 1988

Horváth, P.; Mayer, R.: CIM - Wirtschaftlichkeit aus Controller-Sicht. CIM-Management (1988) 4, S. 48-53.

Kaiser 1997

Kaiser, J.: Qualitätsbewertung von Prozessen und Prozeßergebnissen durch integrierten Einsatz von Fuzzy Logic und Fuzzy Arithmetic. Aachen: Shaker 1997.

Keller & Shen 1995

Keller, B.; Shen, J.: Rapid Prototyping - Lasersinter-Technologie. Laser-Praxis (1995) Juni, S. 46-47.

Kesselring 1951

Kesselring, F.: Bewertung von Konstruktion. Düsseldorf: Deutscher Ingenieur-Verlag GmbH 1951.

Kienzle 1966

Kienzle, O.: Begriffe und Benennungen der Fertigungsverfahren. Werkstatttechnik 56 (1966), S. 169-173.

Knosala 1989

Knosala, R.: Methoden zur Bewertung von Bauelementen als Voraussetzung für die Entwicklung von Baukastensystemen, Teile 1 und 2. Gliwice: Institut für Mechanik und Grundlagen der Maschinenkonstruktion 1989.

Knosala 1991

Knosala, R.: Objektivierung des Bewertungsprozesses beim Konstruieren. Konstruktion 43 (1991), S. 344-352.

König & Klocke 1997

König, W.; Klocke, F.: Fertigungsverfahren 3, Abtragen und generieren. Berlin: Springer, 1997.

KÖNIG U. A. 1993

König, W. u. a.: Rapid Prototyping, Bedarf und Potentiale. VDI-Z 135 (1993) 8, S. 92-97.

KÖNIG U. A. 1994

König, W. u. a.: Stereolithographie. VDI-Z 136 (1994) 11/12, S. 44-49.

KOCH & STEGER 1995

Koch, K. U.; Steger, W.: Selection and Integreation of Technologies for Rapid Product Development. In: Proceedings of the 28th ISATA-Conference, September 18-22, 1995, Stuttgart, Germany. Croydon, England: Automotive Automation Limited 1995, S 171-178.

KRUTH 1991

Kruth, J. P.: Material Incress Manufacturing by Rapid Prototyping Techniques. Anuals of the CIRP, 1991 Vol. 40/2.

LINDEMANN & KLEEDÖRFER 1997

Lindemann, U.; Kleedörfer, R.: Erfolgreiche Produkte durch integrierte Produktentwicklung. In: Reinhart, G.; Milberg, J.: Münchner Kolloquium ´97, München. Landsberg am Lech: verlag moderne industrie 1997, S. 117 ff.

LINDEMANN & REICHWALD 1998

Lindemann, U.; Reichwald, R.: Integriertes Änderungsmanagement. Berlin: Springer, 1998.

LINDEMANN & STETTER 1998

Lindemann, U.; Stetter, R.: Industrial Application of the method „Early Determination of Product Properties“. In: Proceedings of the ASME 1998, Design, Engineering, Technical Conferences an Computers in Engineering Conference. Atlanta: ASME International, 1998.

LINNER 1997

Linner, S.: 3D-CAD Wettbewerbsfaktor oder nur der teuerste Weg zur Zeichnung. In: VDI - Gesellschaft: Neue Generation von CAD/CAM - Systemen, München. Düsseldorf: VDI-Verlag 1997, S. 227-241. (VDI-Berichte 1357)

LORENZEN & BREITINGER 1997

Lorenzen, J.; Breitinger, F.: Rapid Tooling - ein neuer Ansatz zur integrierten Produkt- und Prozeßentwicklung. In: Reinhart, G.; Milberg, J.: Rapid Tooling. Mit neuen Technologien schnell vom Entwurf zum Serienprodukt, Augsburg. München: Utz 1997, S. 1-19. (Seminarberichte / iwb 28)

MACHT 1995

Macht, M.: Fast prototype tools. In: Tagungsband: Rapid Prototyping and Manufacturing ´95, Dearborn. Dearborn: Society of Manufacturing Engeneers 1995.

MACHT 1996

Macht, M.: Vielfalt der Rapid Prototyping-Verfahren. In: Reinhart, G.; Milberg, J.: Rapid Prototyping, Rapid Tooling - Schnell zu funktionalen Prototypen, Augsburg. München: Utz 1996, S. 1-17. (Seminarberichte / iwb 21)

MACHT 1997

Macht, M.: Möglichkeiten und Grenzen des Rapid Prototyping. In: Reinhart, G.; Milberg, J.: Rapid Prototyping – Mit neuen Technologien schnell vom Entwurf zum Serienprodukt, Augsburg. München: Utz 1997, S. 5-23. (Seminarberichte / iwb 27)

MACHT 1998

Macht, M.: Leitfaden Rapid Prototyping bei Steyr-Daimler-Puch Fahrzeugtechnik. In: Reinhart, G.; Milberg, J.: Rapid Prototyping - Effizienter Einsatz von Modellen in der Produktentwicklung, Augsburg. München: Utz 1998, S. 4/1-4/17. (Seminarberichte / iwb 38).

MACHT & FÄHRER 1997A

Macht, M.; Fährer, J.: Schneller von der Idee zum Produkt. Produktion 36 (1997) 24, S. 8-9.

MACHT & FÄHRER 1997B

Macht, M.; Fährer, J.: Schichtarbeit. Die neue Fabrik – Modellfabrik als Denkmodell (1997), S. 90-94.

MACK 1997

Mack, M.: Kooperative Produktentwicklung - Neue Formen der Zusammenarbeit in verteilten Unternehmen. In: Reinhart, G.; Milberg, J.: Münchner Kolloquium ´97, München. Landsberg am Lech: verlag moderne industrie 1997, S. 139-148.

MALLE 1997

Malle, K.: Euromold ´96: Mit CAD/CAM und verkürzten Prozeßketten schneller zu Serie. VDI-Z 139 (1997) 3, S. 38-44.

MALLE 1998

Malle, K.: Rapid Prototyping - das Potential in der Produktentwicklung. VDI-Z 140 (1998) 3/4, S. 24-26.

MALUCHE 1979

Maluche, C.: Entwicklung eines Kennzahlensystems für den Produktionsbereich auf Basis sekundär-statischer Daten. Dissertation. Aachen 1979.

MÄNNEL & WEBER 1982

Männel, W.; Weber, J.: Formeln und Kennzahlen im Fertigungsbereich. WiSt (1982) 12, S. 579-588.

MEYER 1976

Meyer, C.: Betriebswirtschaftliche Kennzahlen und Kennzahlensysteme. Stuttgart: Poeschel1976.

MILBERG 1994

Milberg, J.: Unsere Stärken stärken - Der Weg zu Wettbewerbsfähigkeit und Standortsicherung. In: Reinhart, G.; Milberg, J.: Münchner Kolloquium ´94, München. Landsberg am Lech: verlag moderne industrie 1994, S. 13-31.

MILBERG 1998

Milberg, J.: Perspektiven für die Produktion aus der Sicht des Fahrzeugbaus - Agilität als Wettbewerbsfaktor. In: Uhlmann, E; Spur, G.:Internationale Produktionstechnisches Kolloquium, Berlin: Institut für Produktionsanlagen und Konstruktionstechnik, Institut für Werkzeugmaschinen und Fabrikbetrieb 1998, S. 29-39.

MÜLLER 1996

Müller, H.; Bauer, J.; Klingenberg, H. H.: Computerbased Rapid Prototyping System Selection and Support. In: Proceedings of Time-Compression Technologies '96 Conference, Warwickshire, England 1996.

N.N. 1998:

N.N.: Outsourcing ist out. Produktion 37 (1998) 49, S. 3.

NABER U. A. 1996

Naber, H. u. a.: Spritzgußprodukte effizienter entwickeln. Plastverarbeiter 47 (1996) 5, S. 100-103.

NCG 1997

NCG Statusbericht: 1.Statusbericht Rapid Prototyping Dienstleistung in Deutschland. Ulm/Donau: NC-Gesellschaft e.V. 1997.

NÖKEN 1997

Nöken, S.: Technologie des Selektiven Lasersinterns von Thermoplasten. Aachen: Shaker 1997. (Berichte aus der Produktionstechnik 8)

NÖKEN & GEIGER 1993

Nöken, S.; Geiger, M.: Rapid Prototyping - Unternehmensbefragung im Auftrag der Frauenhofer-Gesellschaft. Aachen-Stuttgart 1993.

NOTAR 1998

Notar, W.: Metallische Prototypen mit dem Vakuum-Differenzdruck-Verfahren. In: Reinhart, G.; Milberg, J.: Rapid Prototyping - Effizienter Einsatz von Modellen in der Produktentwicklung, Augsburg. München: Utz 1998, S. 6/1-6/12. (Seminarberichte / iwb 38)

OEHLER 1993

Oehler, H.: Integrierte Qualitätsmanagement bei teilautonomen Fertigungsstrukturen. Bochum 1993..

OSTERMANN 1997

Ostermann, S.; Weiß, K.: Vorgehen und Ermittlung der Anforderungen an Mg-Prototypen. In: 5. Magnesium Abnehmerseminar & Automotive Seminar. Europäische Forschungsgemeinschaft Magnesiumguss e.V., Oktober 1997.

PFEIFER 1993

Pfeifer, T.: Qualitätsmanagement, Strategien, Methoden, Techniken. München: Carl Hanser, 1993.

PRIER & STAEVES 1995

Prier, M.; Staeves, J.: Rapid Prototyping für Klein- und Vorserien-Werkzeuge. Werkstatt und Betrieb 128 (1995) 10, S. 856-862.

PACYNA U. A. 1982

Pacyna ,H. u. a.: Kostenfrüherkennung für Gußteile. Düsseldorf: VDI-Verlag 1982, S. 103-114. (VDI-Berichte 459)

RAPP 1986

Rapp, H.: Bewertung von CAD-Systemen. Stuttgart-Vaihingen: Technischer Verlag Günter Grossmann 1986. (Berichte aus dem Institut für Werkzeugmaschinen Stuttgart 36)

REFA 1978

REFA Verband für Arbeitstudien und Betriesborganisation e. V.: Methodenlehre des Arbeitsstudiums, Teil 2: Datenermittlung München: Hanser 1978.

REFA 1990

REFA, Verband für Arbeitsstudien und Betriebsorganisation e. V.: Planung und Gestaltung komplexer Produktionssysteme, 2. Auflage. München: Hanser 1990.

REINHART U. A. 1994

Reinhart, G. u. a.: Integration des Rapid Prototyping in die Produktentwicklung. pa Produktionsautomatsierung 3 (1994) 5+6, S. 16-19.

REINHART U.A. 1996

Reinhart, G.; Lindemann U.; Heinzl, J.: Qualitätsmanagement. Berlin: Springer, 1996.

REINHART U. A. 1997A

Reinhart G., u. a.: Effizienter Einsatz von Rapid Prototyping in der Produktentwicklung. In: VDI – Gesellschaft: Neue Generation von CAD/CAM - Systemen, München. Düsseldorf: VDI-Verlag 1997, S. 301-323. (VDI-Berichte 1357)

REINHART U. A. 1997B

Reinhart, G. u. a.: System for Continuous Planning and Control of Assembly Systems. In: Reger, K.: Proceedings of Concurrent Engineering Europe ´97 - Building tomorrow´s virtual Enterprise, Erlangen. Ghent: SCS 1997, S.161-166.

REINHART U. A. 1997C

Reinhart, G. u. a.: Innovative Prozesse und Systeme – Der Weg zu Flexibilität und Wandlungsfähigkeit. In: Reinhart, G.; Milberg, J.: Münchner Kolloquium ´97, München. Landsberg am Lech: verlag moderne industrie 1997, S. 174-202.

ROSE 1997B

Rose, B.: Prototypen gibt es nur noch im Rechner. Technik und Wirtschaft 28 (1997) 28, S. 9.

RPR 1997B

Rapid Prototyping Report: Global Gumball uses Genisys for conceptmodells. Rapid Prototyping Report 7 (1997) 10, S. 1.

RPR 1998A

Rapid Prototyping Report: ProMetal. Rapid Prototyping Report 8 (1998) 6, S. 5.

RPR 1998B

Rapid Prototyping Report: 3D-Printing. Rapid Prototyping Report 8 (1998) 5, S. 5.

SAATY 1980

Saaty, T. L.: The Analytic Hierarchy Process. New York: McGraw-Hill Book Company 1980.

SCHARF 1997

Scharf, A.: 3D-CAD - Stiefkind der deutschen Konstruktion. VDI nachrichten (1997) 8, S. 15.

SCHEER 1995

Scheer, A.-W.: Wirtschaftsinformatik - Referenzmodelle für industrielle Geschäftsprozesse. Berlin: Springer, 1995

SCHUH U. A. 1992

Schuh, G. u. a.: Planung technologischer Innovationen mit einem Technologiekalender. io management 61 (1992) 3, S. 31-35.

SEEGER 1992

Seeger, H.: Design technischer Produkte, Programme und Systeme. Berlin: Springer 1992.

SENDLER 1998

Sendler, U.: CAD-Einsatz in der Fertigungsindustrie. VDI-Z Special C-Techniken 140 (1998) 3, S. 6-7.

SIEGWART & SINGER 1991

Siegwart, H.; Singer, U.: Neues Verfahren für die Wirtschaftlichkeitsbeurteilung von Investitionen in neue Produktionstechnologien. Kostenrechnungspraxis 2 (1991), S. 63-70.

SIEMENS AG 1974

Siemens AG (Hrsg.): Organisationsplanung – Planung durch Kooperation. Berlin 1974.

SPUR 1998

Spur, G.: Technologiemanagement: Eine Herausforderung für Ingenieure. In: Uhlmann, E; Spur, G.:Internationale Produktionstechnisches Kolloquium, Berlin: Institut für Produktionsanlagen und Konstruktionstechnik, Institut für Werkzeugmaschinen und Fabrikbetrieb 1998, S. 73-82.

STAEHLE 1973

Staehle, W.: Kennzahlensysteme als Instrument der Unternehmensführung. WiSt (1973) 5, S. 222-252.

STEGER 1995

Steger, W.: Neue Verfahren der Prototypenherstellung und ihre Integration in der Unternehmensstrategie. Spektrum der Wissenschaft (1995) April, S. 90-100.

STEGER & CONRAD 1995

Steger, W.; Conrad, T.: Rapid Prototyping: Operative und strategische Bewertung von generativen und konventionellen Fertigungsverfahren. VDI-Z Special: Werkzeug und Formenbau (1995) 5, S. 12-18.

STEGER & KOCH 1996

Steger, W.; Koch, K. U.:Computer Supported Quality Managment System for Rapid Product Development. In: Rapid Product Development, Stuttgart. Stuttgart: Stuttgarter Messe- und Kongressgesellschaft mbH 1996, S. 357-368.

STETTER & PACHE 1998

Stetter, R.; Pache, M.: Körperliche Modelle in der Produktentwicklung. In: Reinhart, G.; Milberg, J.: Rapid Prototyping - Effizienter Einsatz von Modellen in der Produktentwicklung, Augsburg. München: Utz 1998, S. 2/1-2/26. (Seminarberichte / iwb 38).

TEUFEL 1997

Teufel, K.-H.: Anwendungsbeispiele Fused Deposition Modelling. In: Reinhart, G.; Milberg, J.: Rapid Prototyping – Mit neuen Technologien schnell vom Entwurf zum Serienprodukt, Augsburg. München: Utz 1997, S. 93-101. (Seminarberichte / iwb 27)

TÖNSHOFF & HENNING 1995

Tönshoff, K.; Henning, K. R.: Fertigungstechnologien bewerten und auswählen. VDI-Z 137 (1995) 6, S. 30-33.

VDI-RICHTLINIE 2221

VDI-Richtlinie 2221: Methodik zum Entwickeln und Konstruieren technischer Systeme und Produkte. Düsseldorf: VDI-Verlag, 1993.

WEIHBRECHT 1998

Weihbrecht, G.: Prototypen aus Kunststoff mit dem Silikonabformverfahren. In: Reinhart, G.; Milberg, J.: Rapid Prototyping - Effizienter Einsatz von Modellen in der Produktentwicklung, Augsburg. München: Utz 1998, S. 5/1-5/3. (Seminarberichte / iwb 38).

WENZEL & MÜLLER 1971

Wenzel, R.; Müller, J.: Entscheidungsfindung in Theorie und Praxis. Stuttgart: VDI-Seminar 1971.

WESTKÄMPER U.A. 1996

Westkämper E. u. a.: Qualitätsmanagement im Rapid Prototyping. ZwF 91 (1996) 12, S. 616-619.

WHEELWRIGHT & CLARK 1994

Wheelwright, S. C.; Clark, K. B.: Revolution der Produktentwicklung, Spitzenleistungen in Schnelligkeit, Effizienz und Qualität durch dynamische Teams. Frankfurt am Main: Campus 1994.

WILKENING & LOHNER 1996

Wilkening, C.; Lohner, A.: Aus Sand gebaut. Form + Werkzeug (1996) Oktober, S. 22-26.

WOHLERS 1997

Wohlers, T.: Rapid Prototyping State of the Industry. Detroit: Wohlers Associates, Inc. 1997.

ZANGEMEISTER 1970

Zangemeister, C.: Nutzwertanalyse in der Systemtechnik. München: Wittemannsche Buchhandlung 1970.

ZÄPFEL 1989

Zäpfel, G.: Taktisches Produktions-Management. Berlin: de Gruyter 1989.

ZIMMER 1996

Zimmer, K.: Rapid Prototyping - Neue Werkzeuge und Verfahren. Maschinenbau Nachrichten, Band 75 (1996) 2, S.18-20.